JN078339

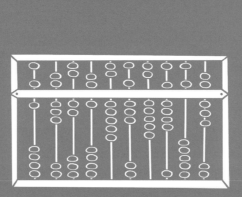

イラストで学ぶ 世界を変えた コンピュータの歴史

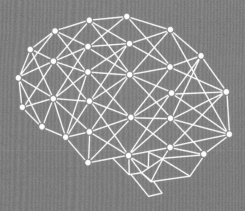

イラストで学ぶ 世界を変えた コンピュータ の歴史

THE
HISTORY
OF THE
COMPUTER

レイチェル・イグノトフスキー・著

杉本舞・訳

創元社

目次 CONTENTS

はじめに

「電子頭脳！」全国テレビのライブ放送で、レポーターはUNIVACをそう呼びました——1952年のアメリカ大統領選挙の結果をUNIVACが予測する、その直前のことでした。これはリスキーな宣伝で、このコンピュータを作ったエンジニアたちでさえ、いったいどうなるのか、誰にもわかりませんでした。全国の家庭に白黒テレビで放映されたこのとき、大衆ははじめて実際に動いているコンピュータを目にしました。それまでのコンピュータは、第二次世界大戦のあいだに製造された、巨大で騒音のうるさい機械で、トップシークレットの研究所のなかに隠されていました。UNIVAC（ユニバーサル・オートマティック・コンピュータの略称）は、戦争ではなくオフィスのために作られた新しい機械で、そのときまさに実力を示さなければなりませんでした。アメリカの大衆たちは、計算をしているUNIVACのチカチカ光る巨大なコンソールや、回転する磁気テープの列を眺めました。世論調査の結果とは逆に、UNIVACはドワイト・D・アイゼンハワーの圧勝を宣言しました。そして誰もが驚いたことに、UNIVACは正しかったのです！　これはセンセーショナルでした！　アメリカの聴衆たちは夢中になりました——SFが現実になった！　と。このテレビイベントがきっかけで、コンピュータはポップカルチャーとなり、大衆の想像力をかきたてていったのです。

　この1952年の出来事から、コンピュータは長い道のりを歩んできました！　いまや私たちは、自分の手のひらに収まる大きさの機器で、人間のもつあらゆる知識にアクセスできるようになっています。私たちをここにまで導いてきた発明は、石器時代にまでさかのぼる技術の旅の一部にすぎません。コンピュータの歴史に飛び込む前に、コンピュータとは何かを定義しましょう。

コンピュータとは、一連の命令にしたがって、
データを保存し、
取り出し、処理する機械のこと。

　本質的に、コンピュータは人間の知的能力を拡張（かくちょう）する道具です。道具があれば、自分たちの身体的な能力は向上し、仕事がよりたくさんできるようになる、という発想に私たちの誰もがよくなじんでいます。金づちは、腕（うで）を使って釘（くぎ）を打つのを助けてくれるというわけです。コンピュータは、私たちの精神的な能力を高めてくれる機械です。コンピュータは、私たちが複雑な数式を解いたり、膨大（ぼうだい）な情報ライブラリを保存・分類したりするのを助けてくれますし、新しいお気に入りのレストランを探す（さが）のすら手伝ってくれます！

　インターネットは、1990年に発明されたワールド・ワイド・ウェブと組み合わさって、コンピュータをメディア・マシンへと変えました。ウェブはグローバル経済（けいざい）に欠かせないものであり、多くの人にとって個人のアイデンティティの延長（えんちょう）です。コンピュータは私たちの生活に溶け込んでいる（と）ので、2011年に国連はインターネットへのアクセスは人権（じんけん）の一つだと宣言しました。

　何十億もの人々が、初めての宇宙飛行士を月へと送り込んだコンピュータより10万倍も性能のよいスマートフォンを持っています。しかし、ほとんどの人のポケットに入っているコンピュータが、いつもそのようなものだったわけではありません。歴史の大部分では、コンピューティング・マシンはごく限られた少数の人が使うものでした。科学者が研究を行ったり、政府が官僚機構を管理したり、軍が戦争を戦ったり、大企業（だいきぎょう）が利益を最大化しようとするのに使うものだったのです。初期のコンピュータは信じられないくらい高価で、物理的に巨大で、使うのに特別な技術的知識が必要でした。1970年代のパーソナルコンピュータ革命（かくめい）に至って（いた）はじめて、コンピューティングの力が普通（ふつう）の人にもアクセスできるようなものになったのです。

　本書では、コンピュータの歴史における節目の出来事を取り上げながら、技術的知識こそ力だという考え（かんが）を探究（たんきゅう）していきましょう。プログラミングの仕方を教えたり、コンピュータ・サイエンスの詳細（しょうさい）に踏み入ったり（ふ）はしません。そのかわりに、私たちの世界を変えた人々と機械の意図・目的・インパクトに焦点（しょうてん）をあてることにします。コンピュータの歴史を研究することは、人間性を研究することなのです。

コンピュータの内側

コンピュータを作り上げる
物理的な電子機器

マザーボード

メインの回路基板。CPU、RAM、拡張バス、
そのほか様々なカスタムコンポーネントが
配置されている

RAM

ランダムアクセス・メモリ。
短期メモリデータを
一時的に格納するところ

コンピュータ・ポート

有線の周辺機器を
コンピュータに
接続するためのもの

BluetoothとWi-Fi

あらゆる種類の
ワイヤレス
周辺機器と
電波で
通信するための
コンピュータチップ

CPU

中央処理装置。
この装置がコンピュータの
「脳」にあたり、
演算のほとんどを
制御している

電源

コンピュータは
電気で動く。
壁のコンセント
からの交流電流が、
コンピュータの
回路で用いる
直流に
変換される

GPU

グラフィクス処理装置。
コンピュータやゲーム機の
ディスプレイに
表示される
グラフィクスは、
チップによって
作り出されている

周辺機器

コンピュータに接続し、
さまざまな使い方を
可能にするツールのこと

クリック

拡張バス

コンピュータの性能を高めるために、
拡張バスのスロットに
拡張カードを取り付けることができる。
こうすれば、追加のストレージやGPU、
あらゆるハードウェアに接続できる
新たなポートを増設することができる

ストレージ

ソフトウェアや
ユーザーが保存した
ファイルといった
長期メモリデータを
格納するところ

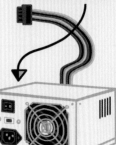

ソフトウェア用語

ソフトウェア

コンピュータに何をするかを指示するプログラムのこと。アプリケーション、オペレーティングシステム、ファームウェアなどがあります。

コマンドライン

文字を使ったコマンドだけでコンピュータを操作する専門的な方法のこと。メモリや処理能力といったリソースをほとんど使わないので、1990年代までコンピュータとやり取りするのにはこの方法が主流でした。

GUI（グラフィカル・ユーザー・インターフェース）

ファイルやソフトウェアをグラフィックで表現することで、コンピュータに何をすべきかをユーザーが簡単に指示できるようにしたもの。最新のオペレーティングシステムでは、わかりやすいアイコンやグラフィクスが使われています。コンピュータとやりとりするとき、GUIは「シアター・ショー」を上演して、コンピュータがいま何をしているかをユーザーに伝えます。

OS（オペレーティングシステム）

オペレーティングシステム。これはオーケストラの指揮者のようなソフトウェアです。コンピュータのハードウェアとソフトウェアを管理して、使いやすくします。長年にわたって、オペレーティングシステムにはさまざまな異なる種類のものがあり、人によって自分の好みのものがあります。たとえばLinux、Windows、MacOS、Androidなど。

プログラム

ある特定のタスクをコンピュータに実行させるための、コード化された命令のこと。

プログラミング言語

コンピュータはバイナリコード（機械語）しか理解できません。バイナリコードは人間には理解が難しいので、プログラマはソフトウェアを作るのにプログラミング言語を用います。この複雑な言語は（コンパイラやアセンブラを用いて）バイナリコードに翻訳しなおされ、それからコンピュータが理解するようになります。

テクノロジーを統合させるコンピュータ

歴史を通じて、コンピュータはあらゆる種類のさまざまなテクノロジーを統合し、新しいものを作り出してきました。その素晴らしい例の一つが、時を経て現代の機器にすっかり欠かせないものとなったカメラです。

スマートフォンは、デスクトップコンピュータ、電話、タッチスクリーン、GPS（全地球測位システム）受信機といった技術を組み合わせて、「オール・イン・ワン・デバイス」を作り出しました。誰かが写真を撮ろうと「カメラ」に手を伸ばすとき、実際に手に取るのはこのポケットサイズのコンピュータであることがほとんどです。

技術的収束

バイナリとオン・オフ・スイッチ

1と0

古典的なコンピュータはオンとオフという電気信号しか理解できません。コンピュータと「話す」には、機械語を用います。これはバイナリ（2進）コードともいいます。バイナリとは「2状態の」という意味で、バイナリコードは数字の1と0でできています。オンを1で表し、オフを0で表すのです。コンピュータが実行するどんな演算も、コンピュータが処理するどのようなデータも、1と0で表されます。

1＝オン＝真
0＝オフ＝偽

「ビット」は1桁ぶんの1あるいは0のことで、情報の最小単位。「バイト」はビットが集まったもの。

コンピュータ上ではすべてが1と0で表される。

例：“A” という文字
A＝01000001

例：95 という数字
95＝01011111

例：あるピクセルの色

このピクセルの16進数カラーは、4a89a3

この色は、赤・緑・青の光でできている。色の混ぜ方は、赤74、緑137、青163。2進コードで表すと01001010100010011010 0011。

ブール代数と論理ゲート

1847年に数学者ジョージ・ブールはブール代数の規則を発展させました。これは、NOT、AND、ORという演算子を用いて、ある論理的な文の真偽を決定することに関する数学の一分野です。真偽のバイナリは1を一つか0を一つで表すことができ、それは電流のオン・オフへと簡単に変換することができます。1937年に電気エンジニアのクロード・シャノンは、オン・オフ・スイッチを用いた電気回路で、ブール型の論理文を物理的に表現できることに気づきました。これが論理ゲートです。シャノンはデジタル回路設計の創始者の一人だとみなされています。

電気は、コンピュータ回路のなかの論理ゲートを、まるで水がパイプの中を流れていくかのように通過します。オン・オフ・スイッチは水の流れる方向を決める蛇口だというわけです。論理ゲートは、1や0を表す電気信号を操作します。単純な論理ゲートが組み合わさって、コンピュータチップの中にある複雑なアーキテクチャができあがっているのです。

ブール代数の3つの基本的な演算

真理値表　1＝真　0＝偽

NOT 否定	入力	出力
入力が真なら、出力は真ではない（すなわち偽）。その逆も成り立つ。	1	0
	0	1

AND 論理積	入力 A	B	出力
入力 A と B の両方が真であるときに限って出力が真になる。	0	0	0
	0	1	0
	1	0	0
	1	1	1

OR 論理和	入力 A	B	出力
入力 A あるいは B のどちらか（あるいはその両方）が真であるときに、出力が真になる。	0	0	0
	0	1	1
	1	0	1
	1	1	1

その他の論理演算には、XOR（排他的論理和）、XNOR（排他的論理和の否定）、NAND（論理積の否定）、NOR（論理和の否定）がある。

論理ゲートを表すのに用いる記号

A —|>o— Ā　　NOT　　A B —D— AB　　AND　　A B —D— A+B　　OR

歴史の中のオン・オフ・スイッチ

コンピュータは魔法ではありません。電気の流れを操作する、論理ゲートという電気回路を組み合わせて作られています。技術の進歩で、論理ゲートはどんどん小さくなり、今や顕微鏡でしか見えないほどの大きさになっています。論理ゲートとオン・オフ・スイッチがコンピュータにたくさん搭載されていればいるほど、コンピュータの能力は向上します。

リレー・スイッチ

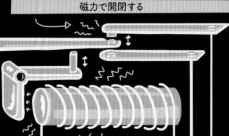

ハーバード・マークⅠ（1944）のような初期のコンピュータで用いられた。

最初期のコンピュータには、物理的に開閉する機械的スイッチが用いられていた。

磁力で開閉する

故障しやすかった

真空管

1900年代の初めから無線信号を増幅するのに用いられた。

真空管は電子の流れを制御し、初期のコンピュータ回路ではオン・オフ・スイッチとして用いられた。

真空管は壊れやすく、ガラス製だった。

トランジスタ

1947年に発明。

トランジスタには動く部品がなく、信頼性が高く、真空管よりも効率がよいものだった。

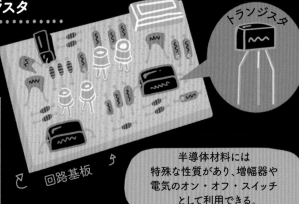

トランジスタ

回路基板

半導体材料には特殊な性質があり、増幅器や電気のオン・オフ・スイッチとして利用できる。

回路の部品がそれぞれ分かれているものを、ディスクリート部品と呼びます。トランジスタやほかの部品は、回路の所定の位置に一つ一つはんだ付けしなければなりませんでした。そのせいで、この時代のコンピュータはとてもかさばるうえに、使用できるトランジスタの数も限られていました。

この問題を集積回路が解決！

集積回路（IC）──またの名をコンピュータチップ

初のICは1958年に発明された。これは回路を構成するディスクリート部品を1枚の半導体材料にエッチングしたものだった

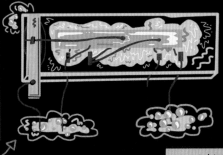

最初のプレーナ型ICは1960年に誕生した

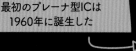

現代のコンピュータチップは、フォトリソグラフィという処理で作られている

こんにちのICは数十億ものトランジスタを搭載しており、なかには2ナノメートルという小さなものもある

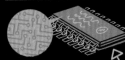

DNA鎖は2ナノメートル！

紫外線

チップデザイン

フォトマスク

レンズ

トランジスタはどんどん小さくなっている！

フォトレジスト化合物を用いたシリコンウェハー

メモリとストレージ

コンピュータは二つの方法で
情報を保存したり呼び出したりする

メモリ

　データを短期保存します。RAM（ランダムアクセス・メモリ）はコンピュータの高速ワーキングメモリです。CPUはファイルにアクセスするために、開いたファイルをRAMにロードします。RAMは「揮発性」です。すなわちデータは一時的なもので、コンピュータの電源を切ると失われます。たとえば、テキストドキュメントで新しく書いた文章は、まだ保存していなければRAMに格納されます。

ストレージ

　データを長期保存します。コンピュータの電源を切っても、ストレージに保存されたデータは残ります。すなわち「不揮発性」ということです。たとえば、写真はストレージを用いてハードドライブに保存されます。簡単に変更や上書きができない長期保存メモリには、ROM（リードオンリー・メモリ）をはじめとしてさまざまな種類があります。コンピュータの起動のためのプログラムは、ROMに保存されています。

　コンピュータにはいつもさまざまな種類のメモリやストレージが用いられています。歴史的には、RAMのような揮発性メモリはより速く、より小さく、より高価になっています。一方で、ハードドライブのような長期ストレージは、より遅く、より大型に、より安くなっています。

　メモリやストレージの技術が進歩するにつれて、その能力は混ざり合い始めました。コンピュータを設計するときには、コスト、スピード、サイズのすべてを考慮に入れます。たくさんのさまざまな種類のメモリやストレージの技術が組み合わされることで、スムーズに動作し、価格も手頃なコンピュータが作られているのです。

データ保存の単位

1ビット（bit）はデータの最小単位

コンピュータ内でデータは1や0で保存されます。
これがビットです。

1バイト（Byte、B）は8ビット

Aや5や％といった英数1文字を表せる、
1と0の文字列のことでもあります。

1キロバイト（KB）は約1,000バイト

このページの文は、英語だと約300KB。

1メガバイト（MB）は約100万バイト

1分間の録音が約1MB。

1ギガバイト（GB）は約10億バイト

30分間の標準画質動画が約1GB。

1テラバイト（TB）は約1兆バイト

1TBでは、12メガピクセルの写真を
30万枚以上保存できます。

保存！

歴史上の
メモリとストレージ

メモリとストレージのコスト、スピード、サイズはコンピュータの歴史を通じて向上してきました。持ち運びできるストレージは、パンチカードの束から磁気フロッピーディスク、そしてフラッシュメモリへと移り変わっています。ここでは画期的な発明をいくつか紹介します。

紙のパンチカードと
パンチテープ

ROM——
とても遅くて、とても安い。

織機用に1700年代に発明され、
1980年代までコンピュータで使用された。
こんにちでもアメリカの投票機で使われることがある。

磁気テープ

1930年代に
音声録音に
用いられた。

磁気テープは
1951年に
初めてコンピュータに
使用された。

磁気コアメモリ

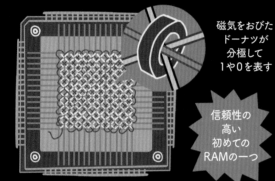

磁気をおびた
ドーナツが
分極して
1や0を表す

信頼性の
高い
初めての
RAMの一つ

1953年にマサチューセッツ工科大学のコンピュータ、
ホワールウィンドで初めてこの技術が用いられた。

ハードディスクドライブ

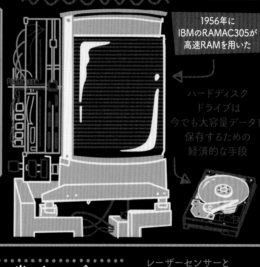

1956年に
IBMのRAMAC305が
高速RAMを用いた

ハードディスク
ドライブは
今でも大容量データを
保存するための
経済的な手段

DRAM
（ダイナミック・ランダムアクセス・メモリ）
チップ

トランジスタ技術を
利用している

1970年に公開

フロッピーディスク

持ち運びできる
磁気ストレージ
の一種

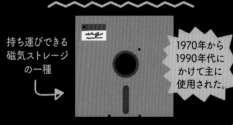

1970年から
1990年代に
かけて主に
使用された。

光ストレージ

レーザーセンサーと
微細な凹凸で
1や0を表現する

CD（1982年）

DVD（1996年）

レーザーディスク（1978年）

フラッシュメモリ

1980年代初頭に
発明。

フラッシュメモリは
不揮発性。消去も
再プログラムもできる。

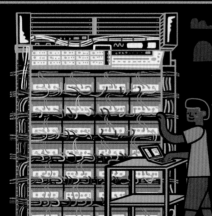

クラウドストレージ

「クラウド」とは、
ハードドライブと
高速プロセッサが
ぎっしりと並んだ
データセンターのこと。

保存！

クラウドストレージの
おかげで、
インターネットで
データをアップロード
したり
ダウンロードしたり
することができる。

ビデオゲーム

20世紀の半ばから、ビデオゲームの楽しさに触発されて、コンピュータ科学の分野にもイノベーションが起こりました。1948年から1951年に米軍は「ホワールウィンド」というフライトシミュレータを開発し、画面でグラフィックインターフェースを用いる最初の一例となりました。この新しい技術ができて、真っ先にしたことといえば？ もちろん、ビデオゲーム作り！ それはシンプルな光の「ボール」を動く「穴」に落とすというものでした。それ以来、ビデオゲームはグラフィックスやネットワーク、その他のコンピューティング技術の向上を後押ししてきました。

『オレゴン・トレイル』 1971

あなたは赤痢で死にました

今でもプレイされている！

開拓者の人生をシミュレートするように設計された教育用ゲーム

『OXO』（三目並べ） 1952

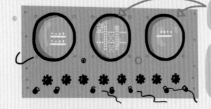

陰極線管スクリーン

ケンブリッジ大学の電子計算機上でプログラムされた。

1972 『ポン』

よし！

PONG

2 0
1

最初に成功したビデオアーケードゲーム！

アタリ社のノラン・ブッシュネルとアル・アルコーンが開発。

ビデオゲームの時代が始まりました！

『スペースウォー！』 1962

最初のマルチプレイヤー・コンピュータゲーム！

マサチューセッツ工科大学の学生たちがPDP-1コンピュータで作成

ライトペン

『ブラウン・ボックス』 1967

ラルフ・H・ベアが発明

テレビに接続できる家庭用ビデオゲーム機の最初のプロトタイプ！

後に、最初の商用ゲーム機「オデッセイ」となった。

Atari 2600 （アタリ） 1977

ジョイスティック

交換できるカートリッジ

8ビットのマイクロプロセッサを使用し、家庭用テレビセットに接続する。

フルカラーのゲーム！

『パックマン』

1980

日本のゲーム
デザイナー
岩谷徹が作成。

史上もっとも売れた
アーケードゲームとなった

NES（ニンテンドー・エンターテインメント・システム）がアメリカでリリース

1985

任天堂のおかげで
アメリカの
ゲーム産業が
息を吹き返した

任天堂
ゲームボーイ 1989

カートリッジ

カートリッジ取り外し可能な
携帯型電子ゲームとして、
もっとも人気のあった
ものの一つ

ゲームボーイは1億台以上売れた。

マイクロソフトが
Xbox をリリース
エックスボックス
×××× **2001** ××××

マイクロソフトはエヌヴィディア社
とGPUを共同開発して
見栄えのするゲームを作った

初心者を
負かしたぞ！

2005年には数百万人
ものゲーマーが、
オンラインゲームと
高性能なグラフィクス
を求めて
Xboxを
使うようになった

2006

『ワールド・オブ・ウォークラフト』（WOW）がオンラインに

2004

世界中のユーザーが
接続して一緒に
クエストに出る
オンライン・ロール
プレイングゲーム

PCで
プレイ

ギルドの
みんな、
こんにちは！

任天堂 Wii ウィー

ジェスチャー認識と、
プレイヤーの
リアルタイムな
身体の動作を利用

モーション
センサー
つき
リモコン

『ポケモン GO』 **2016**

「拡張現実」を
メインストリームに
するのに貢献。

全部つかまえた！

ゲームと
スマートフォンを
組み合わせることで、
世界中の
ユーザーが
「ポケモンをゲット」

メインストリーム・
バーチャル・リアリティ **2016**

コンピュータグラフィクスのパイオニア
であるアイヴァン・サザランドは、
ヘッドマウントVR（仮想現実）
ディスプレイのプロトタイプを
1967年に初めて作成した。

2016年には、何百もの企業が
手頃な価格で
VRヘッドセットをリリースしている

AIとロボット

AIって何？

AI（人工知能）と機械学習は、コンピュータ・サイエンスの一分野です。コンピュータは、アルゴリズム（一つ一つ順を追った命令）に基づき、「訓練データ」を取捨選択しながら学習します。十分なデータを得たコンピュータは、ラベルのついていない新しいデータを扱うための数学的モデルを作ります。人間が何か新しいことを学ぶときのように、AIにも練習が必要です。AIが効果を発揮するには、学習のための大量のデータと、それを処理する強力なコンピュータの両方が必要なのです。ここでは、AIの歴史のなかのワクワクする出来事を紹介しましょう。

IBMのスーパーコンピュータ、Deep Blueがチェスの世界チャンピオン、ガルリ・カスパロフを破る

1997

チェックメイト！

2009　ImageNet

大規模クラウドソーシングによる画像データベース。人々が画像に注釈をつけることが機械学習の助けとなり、AI研究ブームを巻き起こしている。

コンピュータ科学者のフェイフェイ・リが始めた

1965　AIプログラム Dendral

最初の「エキスパートシステム」と考えられているDendralは、分子構造を特定するのに用いられた。

IBMのWatsonがクイズ番組で勝利　**2011**

Watsonの勝ち

$2,000　Ken　$5,000　WATSON　$2,000　BRAD

Watsonは100以上のテクニックを駆使して、自然言語を解析し、情報源を特定し、回答を作成してクイズ番組で2人のチャンピオンプレイヤーを打ち負かしました。

1966　ELIZA

ユーザーはコンピュータとの会話を保存できる

ELIZAは最初の「チャットボット」とみなされている。

ジョセフ・ワイゼンバウムは、初期の自然言語処理コンピュータプログラムをマサチューセッツ工科大学で作った人物

2015　アルファ碁

AIである「アルファ碁」は、碁のヨーロッパチャンピオンに勝った。

観測可能な宇宙にある原子よりも、碁の配置のほうがたくさんある。

2018　Google Duplex　グーグル・デュプレックス

ご用件は？

2名で予約したいの

お時間は？

このAIアシスタントは、ほとんど完璧な発音で予約をすることができる。

ロボットって何？

ロボットとは、コンピュータや特別なプログラムに誘導されて、一連の物理的動作を行うような機械のことです。ロボットは、特定の種類の工場労働を自動化して、労働者にとって退屈だったり危険だったりするような作業をこなしています。ロボットとオートメーションのおかげで、時とともに商品がどんどん安くなっていますが、産業革命で起こったことと同じく、伝統的な仕事の多くを失わせる原因にもなっています。ロボットには、AIを用いて意思決定能力を備えたものもあれば、単純な命令にしたがうだけのものもあります。ここではロボティクスの歴史における代表的な出来事を紹介しましょう。

万博の「エレクトロ」

1939

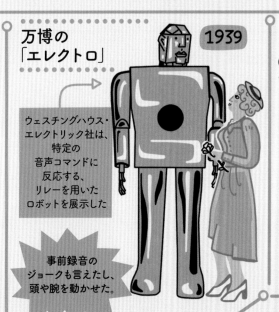

ウェスチングハウス・エレクトリック社は、特定の音声コマンドに反応する、リレーを用いたロボットを展示した

事前録音のジョークも言えたし、頭や腕を動かせた。

APT
（自動プログラムド・ツール）

1959

APTで作った灰皿

APTはフライス盤を制御してCAM（キャム、コンピュータ支援生産）を援助するプログラミング言語のこと。

「ユニメート」

1961

初めて大量生産された産業用ロボット。ゼネラル・モータースにサービスを提供した

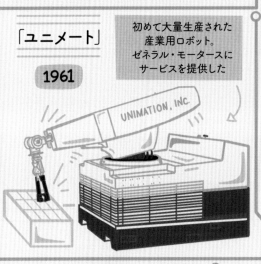

SRIインターナショナルのシェイキーは、AI制御で移動可能な初のロボット

ロボットの「シェイキー」

1970

2000
ホンダの「アシモ」

アシモ（「新しい時代へ進化した革新的移動性」の略称）は実験的ロボットだった

歩行する、顔認識する、階段を上る、危険を察知する、音声コマンドに反応するということができた。

2002
「ルンバ」

このロボット掃除機は、アルゴリズムを用いて、室内を移動し、障害物を検知することができる

2005
DARPAグランドチャレンジ

スタンフォード大学の自律走行車は、自動運転車のための2005年DARPAグランドチャレンジで、約121キロメートルに及ぶ砂漠コースを人間の介入なしに完走して優勝した。

初の商用自律型ドローン

2013

DJIファントムドローンは、自律機能を搭載した初の商用ドローンだった

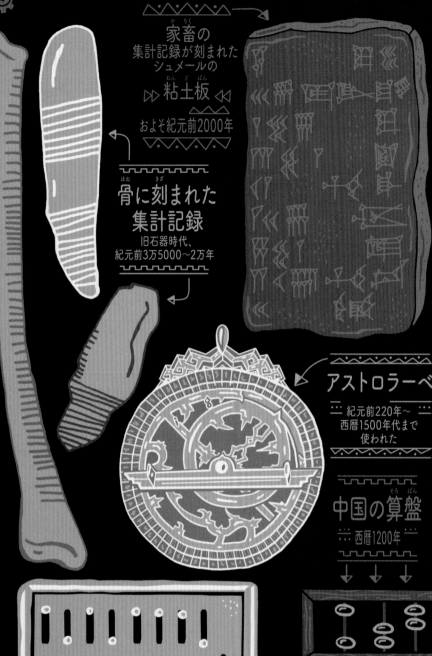

家畜の
集計記録が刻まれた
シュメールの
▷▷ 粘土板 ◁◁
およそ紀元前2000年

骨に刻まれた
集計記録
旧石器時代、
紀元前3万5000～2万年

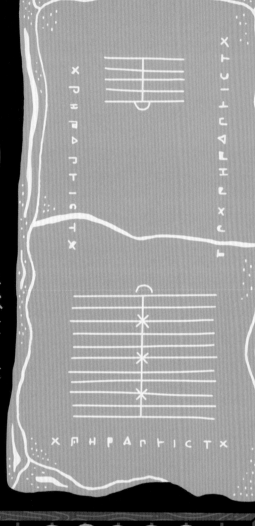

サラミスのタブレット
紀元前300年

アストロラーベ
紀元前220年～
西暦1500年代まで
使われた

中国の算盤
西暦1200年

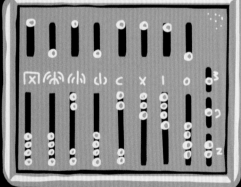

ローマ時代のハンド・アバカス
1世紀

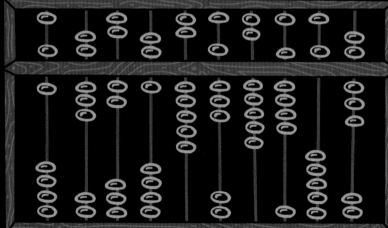

古代文明

紀元前2万5000年～西暦1599年
数える・計算する

　最初の電子コンピュータが登場するずっと前の、いちばん最初から始めましょう。人々に必要なのは簡単な計算でした。「赤ちゃんが何人生まれているのか」とか「群れには十分な数の羊がいるだろうか」といった問いはシンプルで、集計記録で把握することができました。しかし、社会が成長するにつれて、複雑な計算が必要になりました。マヤのピラミッドや、ギザの大スフィンクス、ローマのコロッセウムといった驚くべき建造物を、古代の帝国は作りだしました。こういった驚くべきもの、そしてそれを作り出した文明は、データを記録する能力、そして人間の頭で把握できるよりもずっと大きな数量を集計する能力に依存していました。

　世界中で、算盤やアバカスのような色々な道具が発明されて、人々は自分の頭で考える以上の計算をすることができるようになりました。こういった道具とともに、数字を記録する新しい方法が開発され、そして星図を作ったり時刻を知るのを助けたりする装置が作られました。こういった新しい技術を、農民や商人から帝国政府を動かす官僚に至るまで、あらゆる人が利用しました。貿易や事業が盛んになってくると、数学の研究も盛んになりました。古代の博学者や発明家たちは、自ら動いたり音楽を奏でたりするロボットを作ることすら夢見ていたのです！

　遥かなる過去は、現在とはまるで異なるように見えるかもしれませんが、どちらの時代でも技術は思考力を高め、人はそれまでよりもずっと大きなものを作り、夢見ることができるようになったのです。

歴史年表 TIMELINE

29本の刻み目のついたヒヒの骨が
エスティワニの山脈で見つかった

紀元前3万5000年

レボンボの骨

アフリカのレボンボ山脈で、考古学者たちは、動物の骨に集計用の刻み目がつけてあるのを見つけました。これは先史時代の人類が数の記録を残す方法の一つでした。レボンボの骨は、既知の数学的遺物のなかで、もっとも古いものの一つです。

紀元前300年

ゼロを表すバビロニアのプレースホルダー

バビロニア人は、アバカスの空きスペースを表すのに、傾けた二つの楔文字を使い始めました。これはプレースホルダーとして用いられました。数値としてのゼロを表すのではなく、句読点として使用されました。

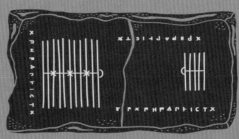

紀元前300年

サラミスのタブレット

ギリシャで発見された計数盤は、現存最古の計算装置の一つで、近代的なアバカスの前身です。

西暦500〜600年

インド・アラビア数字

現代の10進位取り記数法はインドで発展しました。インド・アラビア数字には、0から9までの10種類の数を表す記号が含まれています。こうして数学が飛躍し、アバカスではなく紙とインクで算術を行うという、新しく素早い方法が生まれました。

シュメールのアバカス

紀元前2500年

歴史家たちは、メソポタミアのシュメール人が最初の
アバカスを発明したと信じています。それは、線を平
行に刻んだ平らな石の上に、数える道具として小石
のようなものを置き、値を示すといったようなものだ
ったと考えられています。

紀元前475年

竹や象牙、鉄でできていた。
算木は
平らな布の上に置く

中国の算木

中国では、戦国時代には商人や天文学者や役人が算
木を用いていました。これを使えば、足し算・引き算・掛
け算・割り算を効率よく速やかに行うことができました。

紀元前150年

アンティキティラ島の機械

この時代から発見されたものとしてはもっとも込みい
った装置であるアンティキティラ島の機械は、古代ギ
リシャで天文現象を計算するのに用いられました。
これは歯車の組み合わせにすぎませんが、多くの歴
史家が「世界初のコンピュータ」というあだ名で呼び
ました。

紀元前114年〜
西暦1450年代

シルクロード

シルクロードはヨーロッパ、中東、南アジア、東ア
ジア、東アフリカを結ぶ陸と海の交易ネットワークで、
商品だけでなく思想や哲学の行き来も可能にしたこ
とで、古代世界における科学と数学の発展に貢献
しました。

西暦683年

知られているなかで最初のゼロ

K-127は、0が用いられたことを示す現存最古の遺
物の一つです。カンボジアで発見されたこの石碑に
は、古クメール語で「チャカ時代は下弦の月の5日目
に605年に達した」と書かれています。

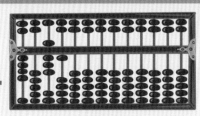

西暦1200年

算盤

中国のアバカスに関する最古の記述は西暦190年頃
にさかのぼります。算盤と呼ばれる近代のアバカスは、
「5+2」の設計が特徴で、西暦1200年頃に開発さ
れたと考えられています。今も世界中で利用されてい
ます。

「アバカス」という言葉は、ギリシャ語の石板（ABAX）という言葉に由来する

コンピュータの歴史は、先史時代の人々が数をかぞえ始めた、文明の夜明けにさかのぼります。太古の昔には、人類の祖先はたった三つのやり方でものをグループ分けしていました。一つ、二つ、たくさん、です。グループのなかにものがいくつあるのかを正確に知る必要が生じると、手の指を（ときには足の指も）使って数えるようになりました。

小さな部族が大きなコミュニティになるにつれて、10本の指で数えるだけでは間に合わなくなりました。人々は岩の上に描いたり、小石を集めたり、結び目を作ったり、木の棒や動物の骨に刻み目をつけたりして数をかぞえました。これらは、先史時代の部族が集計をとったさまざまな手法のうちのいくつかにすぎません。歴史家たちは初期の人類が、群れのなかにいるヤギの数から部族の人数に至るまで、すべてを記録していたと推測しています。

最初の作表ツール

コミュニティが都市や帝国へと成長するにつれて、計算してデータ記録を残すというニーズも高まりました。商人たちは自分が売っている商品の記録を取らねばなりません。軍の将校たちは、兵士として戦える人数を計算しなければなりません。政府は、どれだけ食料を生産し、どれだけ税を徴収すべきか知る必要がありました。都市計画の担当者や昔のエンジニアたちは、水道橋の長さや、その他のインフラストラクチャー計画の詳細について計算をしなければなりません。こういった計算を支援するために、道具が作られたのです。

古代や中世の歴史についてわかっていることは極めて限られている、ということを理解しておくのは大切です。過去についての私たちの知識は、保存されて研究がなされた遺物に基づいたものです。口頭で伝えられた知識や、木のような生分解性素材で作られた発明、侵略軍や植民者が破壊してしまった物や記録など、真に古代のものの多くがすでに失われています。

数を集計するというはっきりとした目的のために作られた道具として知られている最初のものであるアバカスは、紀元前2500年頃にメソポタミアでシュメール人が発明した、と歴史家たちは考えています。シュメールのアバカスは、棒を用いた現代の算盤のような見た目ではありませんでした。それは木や粘土や石でできた計数盤で、平行に線が刻まれており、そこに小石や棒を置いて値を示すというものでした。この計数盤が登場する前には、砂や土の上に計数のための表を描くだけだったと考えられています。シュメールのアバカスは、そうやって地面に描くよりも頑丈で整理されたものでした。計数盤やアバカスが世界各地で開発されると、大きな数の足し算・引き算・掛け算・割り算を効率的に素早く行うのに使われるようになりました。

古代ローマでは、商人、エンジニア、徴税人が携帯用のアバカスを持ち運んで仕事に用いていました。考古学者たちは1世紀のローマのハンド・アバカスを発見しています。古代中国ではアバカスの代わりに、象牙や竹や鉄で作った算木を袋に入れて持ち歩いていました。算木は紀元前475年頃から西暦1500年代まで用いられました。

私たちの記数法が10を底としているのは、初期の人類が指で数えていたから。

それで英語では数字を指（ディジット）と呼ぶ！

シュメールのアバカスは60進法に基づいていた。

1分が60秒なのはそのため。

アストロラーベは古代ギリシャから6世紀まで用いられたアナログ計算機で、船乗りが星の位置を見て航行するのを助けた。

古代の世界の数字

		記号／値						
アステカ	記号	○	旗	羽根	容器			
	値	1	20	400	8,000			
シュメール	記号	𒁹	𒌋	𒁹	𒁹	𒁹	𒁹	𒁹
	値	1	10	60	600	3,600	36K	216K
ローマ	記号	I	V	X	L	C	D	M
	値	1	5	10	50	100	500	1,000
エジプト	記号		∩	e	記号	指	蛙	人
	値	1	10	100	1,000	10K	100K	1 mil

位取り十進法

数学の大躍進が、6世紀から7世紀にかけてインドで起こりました。インド・アラビア数字の登場です。これはそれまでの記数法とは異なり、一つ一つの字が0から9までの数を表し、十進法での位取り記数法を想定して設計されていました。これによって、人々は紙の上で素早く計算をすることができるようになりました。代数学、対数、そして近代数学への扉が開かれたのです。ユーラシア大陸全体で貿易が盛んになると、数学的なアイディアや技術のやりとりも盛んになりました。12世紀にはインド・アラビア数字が普及し、それは特に中東で取り入れられました。インド・アラビア数字がこんにちアラビア数字として一般に知られているのはそのためです。

古代の自動機械

古代の技術者、哲学者、博学者たちの多くが、自動機械やプログラム可能な機械を作ることを夢見ていました。西暦60年にアレクサンドリアのヘロンは、ひも、滑車、おもりでできた仕掛けを「プログラミング」することでカートを動かすロボット装置について書いています。これは聖水を出すためのレバーを用いた、コイン式の装置でした。

中東では、知恵の館（バグダードの大図書館としても知られる）で働く発明家たちもロボットを夢見ていました。1206年に博学者のイスマーイール・アル＝ジャザリーは『精巧な機械装置に関する知識の書』をしるし、オルゴールのような自動機械の楽隊を小舟に載せて、王室のパーティで賓客を楽しませるなどといった、さまざまな機械について記述しました。

アル＝ジャザリーの有名な自動機械の一つが象時計（1206年）

この時代の影響

アバカスやインド・アラビア数字のようなテクノロジーと発明によって、人類は集団として「飛躍」することができました。このテーマは歴史を通じて繰り返されています。テクノロジーは必要性から生み出され、そのおかげで人類全体がますます込みいった問題に取り組むことができるようになっているのです。

エジプトのアレクサンドリア図書館やバグダードの知恵の館のような場所は、古代世界における数学と科学の中心地だった。

チェス盤は中世ヨーロッパで税金の計算をするのに利用された。

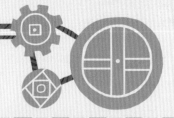

スキュタレー（紀元前700年）

　現代の軍隊がメッセージを送る際に秘匿性を頼みにしているように、古代の帝国もまた、敵に傍受されても読めないようなレポートを送らねばなりませんでした。古代ギリシャのスパルタ軍はスキュタレーとよばれる道具を開発し、通信を暗号化しました。

　スキュタレーは2本の同じ木の棒でできており、1本は送信者用、もう1本は受信者用でした。情報を送る必要が生じるたびに、送信者は棒に巻き付けた獣皮紙の上に情報を書きつけます。そのメッセージは、輸送の準備が整うと棒から取り外され、そうすると文字の順番がごちゃまぜになり読めなくなります。受信者が自分の棒に獣皮紙を巻き付け直したときだけ、言葉がふたたび意味をなすというわけです。これは、暗号通信に用いられた道具として知られているなかでは最初期のものの一つで、最初の暗号装置の一つです。

　暗号の実例は古代エジプトやメソポタミア、ユダヤで発見されているが、スキュタレーはメッセージの暗号化のために特別に作られた装置として知られている最初のものの一つ。

　棒の直径が暗号鍵となる

キープ（西暦1400〜1532年）

　アンデス高地に広がった巨大なインカ帝国では、推定人口は1,200万人に及びました。そのため、データを収集し記録するというニーズは非常に高いものでした。キープは色とりどりの綿の紐をさまざまな方法で結んでデータを記録するという、信じられないほど複雑な計算装置でした。歴史家たちは、キープが統計や国勢調査のデータを保持したり、出来事を記録したり、カレンダーとして利用されたり、メッセージを送るのに用いられたと考えています。

　アンデス山脈の乾燥した気候のおかげで、キープはよく保存されてきました。先コロンブス期文明の数々の側面と同様に、キープについてはまだわかっていないことがたくさんあります。わかっているのは、キープが数学に基づいて歴史記録を保存する巧みな方法であったということ、そしてインカの官僚機構のあらゆるレベルでそれが用いられていたということです。

　結び目の種類、配置、グループ分け、色にはそれぞれ特別な数値的意味があった

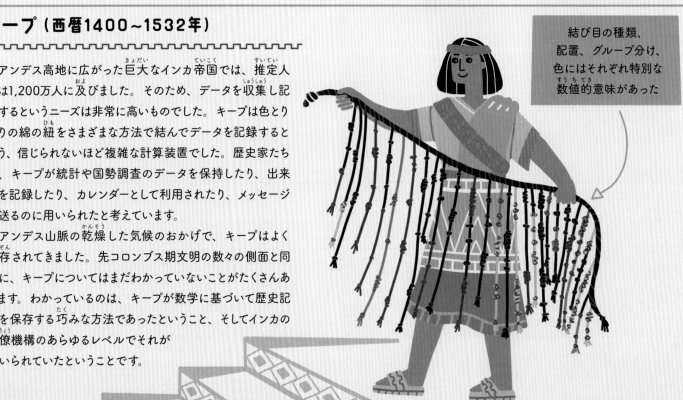

1年を日数と星座で分割

アンティキティラ島の
機械

木製の箱のなかに
30個以上の
ブロンズ製歯車があった。

太陽、月、水星、金星、火星、
木星、土星
のための歯車があった。

アンティキティラ島の機械（紀元前150年）

1901年、ギリシャのアンティキティラ島沖合で海綿を採集していたダイバーが、彫像や工芸品でいっぱいの紀元前150年の難破船を発見しました。その宝物のなかに、泥だらけになって腐食し緑色になった金属片がありました。今はアンティキティラ島の機械と呼ばれているものです。1970年代と1990年代に、歴史家たちはＸ線画像を用いて、それが単なるガラクタの塊でなく、古代の技術の一部であるということを明らかにしました。2006年に学者たちはコンピュータ断層撮影（CT）画像を利用し、銘刻や複雑な歯車を発見しました。アンティキティラ島の機械は古代世界で知られているもっとも洗練された装置で、これに比肩するものはそのさき1,000年は現れません。

古代ギリシャ人たちは、この機械のハンドクランクを回して装置を操作していました。内部にあるブロンズ製の多数の歯車は連動していて、天文現象や月の満ち欠け、日食や月食、暦の周期、至点、オリンピックの日付などを予測しました。歴史家たちはこの機械が、作物植え付けの計画や、宗教的な占星術上の目的、科学研究、そして軍事戦略に利用されたかもしれないと推測しています。

世界のアバカス

アバカスの基本

何世紀ものあいだ、素早く計算を行うために、現代の算盤に似た計数盤や道具が用いられてきました。こういったアバカスは多くの文化でさまざまな形にアレンジされましたが、その原理はたいてい同じでした。一般に、1本1本の棒が位取りを表し、一つ一つの珠が数の値を表します。アバカスを使えば、珠を上下（あるいは左右）に移動させることで、和や繰り上がりやその他の重要な数字を把握することができました。

シンプルな珠100個の
アバカスの例

1本1本の棒が
位をあらわす。

1,000,000,000
100,000,000
10,000,000
1,000,000
100,000
10,000
1,000
100

10

1

一つの珠が
数の値1をあらわす

このアバカスは3,571という
数を表している

ローマのハンド・アバカス（1世紀）

持ち運び可能な計数盤として知られている最初期のものの一つで、古代ローマの商人や官僚やエンジニアが用いました。

ローマのポンドは12オンスに分割されるため、
ハンド・アバカスは12を底にしたものだった。

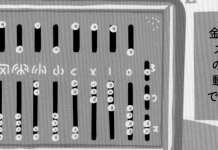

金属板と、
スロット
のなかで
動く珠で
できていた

ネポーワルツィンツィン（西暦900〜1000年）

これは、7つの珠が13列並んだメソアメリカのアバカスです。ネポーワルツィンツィンの91個の珠の倍数を用いて、1年の季節や、トウモロコシの収穫周期の日数、妊娠の日数、暦年の日数を表しました。スペインの植民地化以降、先コロンブス期の遺物が破壊されたため、ネポーワルツィンツィンについて残っているのはエッチングと文字がすべてです。

ネポーワルツィンツィン
を描いた
古代マヤ文明の
遺物が発見されている

このアバカスはブレスレット
として身に着けることができた
という証拠がある

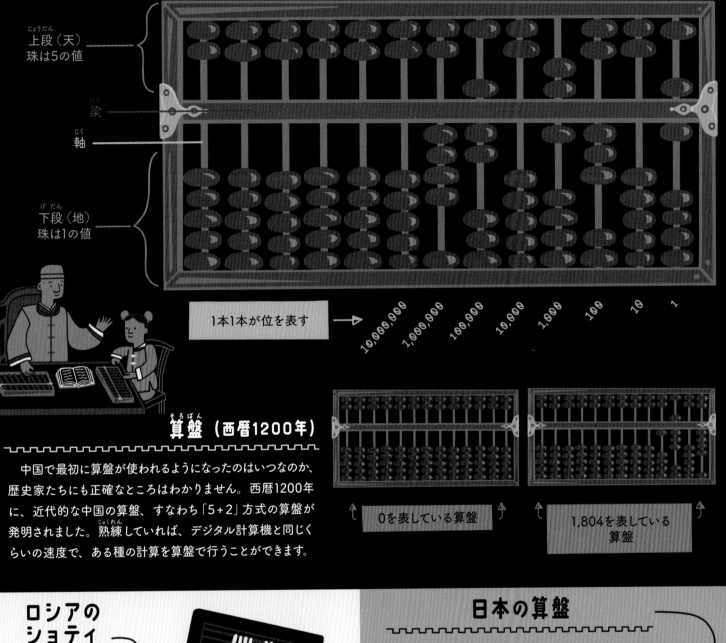

上段（天）
珠は5の値

梁

軸

下段（地）
珠は1の値

1本1本が位を表す →

10,000,000　1,000,000　100,000　10,000　1,000　100　10　1

算盤（西暦1200年）

中国で最初に算盤が使われるようになったのはいつなのか、歴史家たちにも正確なところはわかりません。西暦1200年に、近代的な中国の算盤、すなわち「5＋2」方式の算盤が発明されました。熟練していれば、デジタル計算機と同じくらいの速度で、ある種の計算を算盤で行うことができます。

0を表している算盤

1,804を表している算盤

ロシアのショティ

日本の算盤

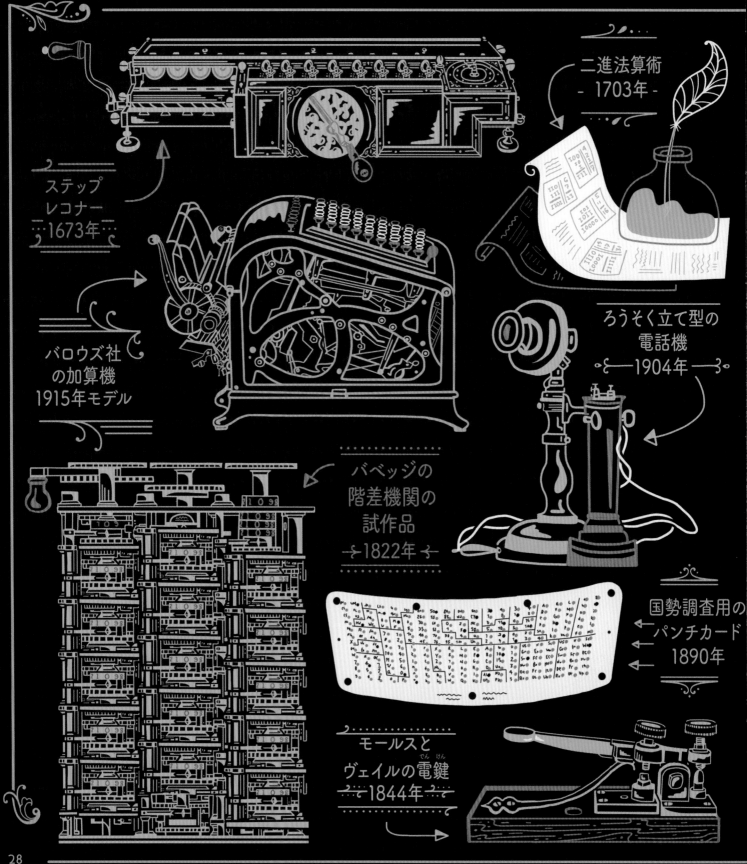

二進法算術
- 1703年 -

ステップ
レコナー
1673年

バロウズ社
の加算機
1915年モデル

ろうそく立て型の
電話機
1904年

バベッジの
階差機関の
試作品
1822年

国勢調査用の
パンチカード
1890年

モールスと
ヴェイルの電鍵
1844年

蒸気と機械

1600年～1929年
計算機とコンピュータの夢

　産業革命による自動化は私たちの世界を大きく変えました。古代ギリシャの人々も過熱水蒸気の可能性を研究してはいましたが、実用的な蒸気機関が製造されるようになったのは1700年代のことで、それは鉄製造におけるいくつかの工学的ブレークスルーのおかげで実現したことでした。蒸気機関は、沸騰する水のエネルギーを用いてクランクを回転させます。この単純な運動を自動化することで、発明家たちは蒸気機関の回転力を、布の縫製、地下水のくみ上げ、材木の製材といった作業に変換する機械を作ることができるようになりました。1820年には、蒸気機関は列車や船舶、工場の動力源となりました。こういった工場では、製品を作るための労働力が組立ラインと呼ばれる新しい方式に再編成されました。組立ラインでは、単純作業を特定の反復作業へと分割し、各労働者がそれまでよりも速く（そして安く）仕事を完了できるようにしました。組立ラインと蒸気動力の工具によって、大規模な製造が可能になったのです。

　数学もまたこの時代に発展しました。人間の「計算係（コンピュータ）」たちが協力して働き、簡単に参照できる複雑な数表を作成しました。組立ラインで単純作業が分業化されたのと同じように、人間の計算係も頭脳労働を小さな作業へと分割して、大きな問題に取り組んだのです。この頭脳労働の反復を補助する機械が発明されました。自分で「考える」ことのできる機械を数学者たちが夢見るようになるのは、それから間もなくのことでした。

　この新しい機械の世界では、アメリカが事務機器市場を支配しました。二進法の算術やブール代数など、この時代の数学的発見は、やがて電気機器に応用されることになります。実際のところ、こういったアイディアや装置の可能性がすべて実現されたわけではありませんが、この時代の発見の多くがコンピュータの歴史を定義することになりました。産業革命は、20世紀のコンピュータを形作る原初のスープだったのです。

歴史年表 TIMELINE

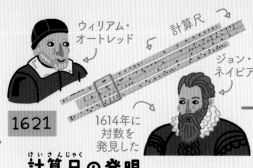

ウィリアム・オートレッド
計算尺
ジョン・ネイピア
1614年に対数を発見した

1613

「コンピュータ」という言葉が最初に使われる

コンピュータという言葉が最初に活字になったのは、詩人リチャード・ブラスウェイトの著書『ザ・ヤング・マンス・グリーニングス』でした。この言葉は機械のことではなく、仕事として数学の計算をする人のことを指していました。

1621

計算尺（けいさんじゃく）の発明

ウィリアム・オートレッドが発明した計算尺は、二つの対数めもりをもつ携帯型（けいたいがた）の機械装置（そうち）でした。1970年代まで、エンジニアが特定の計算を行うために用いました。

1760

産業革命（かくめい）が始まる

技術や製造業の進歩によって、工場での仕事が生み出されました。このことによって、人々は農村から都市へと移り住みました。産業革命はイングランドで始まりましたが、発電機や石炭燃料の蒸気機関（じょうき）といった発明は、全世界を変革（へんかく）することになりました。

チャールズ・バベッジ

1834

解析機関（かいせき）

解析機関は、チャールズ・バベッジの夢見たプログラム可能な考える機械であり、実際に動くように設計された最初の汎用（はんよう）コンピュータだったと考えられています。動作する解析機関はついに製作されませんでしたが、その設計には現代のコンピュータの特徴（とくちょう）が数多く含（ふく）まれています。

1900年代初頭、「キャットウィスカー（猫のひげ）」とよばれる半導体が鉱石ラジオに用いられた

1874

半導体ダイオードが発明される

1874年にカール・フェルディナンド・ブラウンは、方鉛鉱（ほうえんこう）の結晶（しょう）を金属の針（はり）で探（さぐ）ると、一方向に電流が流れるということを発見しました。これはエレクトロニクスで役立つ半導体の特性の一つです。

ワトソン君、ちょっと来てくれたまえ
アレクサンダー・グラハム・ベル

1876

初めての電話

アレクサンダー・グラハム・ベルが初めて助手に電話をかけ、自分の発明で人々が「電気で会話できる」ということを世界に示しました。1920年代にはアメリカの全家庭のおよそ3分の1が電話を持つようになりました。

アレクシス・クロード・クレロー

ニコール=レイヌ・ルポート

ジョゼフ・ジェローム・ラランド

1758 計算係がハレー彗星を予測

3人のフランス人数学者が協力して、ハレー彗星の軌道を図にしました。それぞれが複雑な数学計算の異なる部分を担当しましたが、このチームワークは大成功をおさめました！　このことがきっかけで、計算係を大量に雇ってさまざまな種類の数表を作るといった、政府資金によるプロジェクトが数多く行われるようになりました。

ジョージ・ブール

STATEMENT-A	STATEMENT-B	STATEMENT-A&B
TRUE	TRUE	TRUE
TRUE	FALSE	FALSE
FALSE	TRUE	FALSE
FALSE	FALSE	FALSE

1854 ブール代数

ジョージ・ブールは『思考の法則の研究』を出版し、ブール代数の規則と推論を記述しました。1936年にエンジニアのクロード・シャノンは、コンピュータの回路を構成する論理ゲートがブール代数を使って記述できるということに気づきました。

電報です

誰？

何？

1864 電信を使った初のスパムメッセージ

19世紀の経済成長のなかで電信線のインフラストラクチャーが整備され、電信による通信が1840年代に行われるようになりました。1864年には、初めてのスパムメッセージ（歯科医グループの広告）が電信で送られました。

1904 真空管が発明される

ジョン・アンブローズ・フレミングは真空管の最初のバージョンを発明しました。それは、一方向に電気を流す装置でした。真空管はラジオやテレビの増幅器として用いられ、数十年後にはその改良版がコンピュータに用いられるようになりました。

1911 CTR社の創業

文書管理産業の複数の企業が合併して、CTR（コンピューティング・タビュレイティング・レコーディング）社となりました。この会社は1924年にIBM（インターナショナル・ビジネス・マシン）社へと名前を変えました。

産業革命の時代、新しいテクノロジーが人々の仕事のやり方を一変させました。それまで熟練した靴職人や大工が何時間もかけて完成させていた仕事は、新しい道具を用いたり労働力を組立ラインへと再編成したりすることで、数分あるいは数秒で行えるようになりました。商品は大量生産され、畑を耕すといったような伝統的な肉体労働は、蒸気を動力とする新しい発明が取って代わりました。このように機械によって生産性が向上したことで、多くの労働者や農民が失業し、彼らは農村を出て新しい都市部の工場に働きに出なければならなくなったのです。こういった新しい産業が活況を呈した一方、初期の工場労働者たちは低賃金と過酷な条件に耐えねばなりませんでした。蒸気機関を用いた乗り物が登場すると、世界貿易はもはや風向きや帆船には左右されなくなりました。19世紀後半には、蒸気船のおかげで、もっとも離れた集落にまで大量生産された消費財が届くようになりました。その結果、貨幣的資産が大きく増大し、正確な会計と迅速な数学計算の需要が非常に高まりました。労働者たちは同じ数学の問題を何度も何度も繰り返して計算するのではなく、印刷された数表を利用しました。そういったパンフレットや本は、人間の計算係の集団が、特定のアルゴリズムを用いて協力して作成したものでした。船員向

ドイツでは
1703年に
ゴットフリート・
ヴィルヘルム・
ライプニッツが
二進法での
算術の規則を
作った。

H●●●●
E●
L●-●●
L●-●●
O---

1838年に、
新型の
電信を用いて
モールス
符号が
開発された。

人間のコンピュータ（計算係）

「コンピュータ」とは職種のことで、
1960年代まで存在していた。

席についた
パンチ
オペレータ

立っている監督者
たち

けの星図から技術者向けの三角関数表に至るまで、あらゆる業種向けのさまざまな数表が印刷されました。仕事の一環で計算が必要な人は誰でも、人間の計算係が作った表を頼りにしていたのです。

階差機関

才能ある紳士で数学者だったチャールズ・バベッジは、数表に誤りがないかを点検する仕事を請け負いました。彼は天文学者のジョン・ハーシェルと一緒に『航海年鑑』のための星表に関する仕事をしていたのです。繰り返しが多くて退屈なこの作業がバベッジは大嫌いで、いらいらしたあげく、「この計算が蒸気でできればいいのに！」と叫んだそうです。

数表における人為的ミスや印刷ミスは、政府にとって大きな不安材料でした。船舶が天文図を頼りにしていたのと同じように、軍は弾道表を頼りにしていたのです。バベッジはチャンスを見出し、多項式の表を計算してそれを印刷できる機械を設計しました。柱時計のように確実に動作する機械です！　彼はこの機械式計算機を階差機関と呼びました。イギリス政府はこのプロジェクトに興奮し、機械製作のために1万7,500ポンドを助成しました（これは当時、新品の列車用蒸気機関を二つ買えるほどのお金でした！）

1832年にバベッジは概念実証として、階差機関の一部を製作しました。彼はそれを、夕食パーティで客を驚かせるのにも利用しました。しかし残念なことに、さまざまな理由から階差機関1号機はついに完成には至りませんでし

17世紀、18世紀、19世紀の機械式計算機

機械式計算機は当初、生産の難しい、金持ちのための珍品としてスタートした。1880年代後半には、機械式計算機は大量生産されるようになり、あらゆるビジネスで必要とされるようになった。

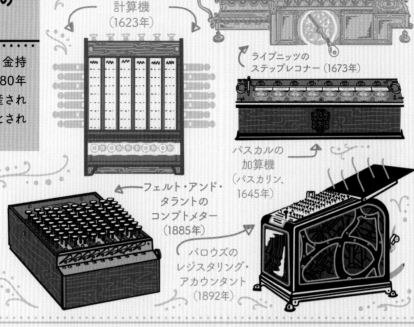

シッカートの計算機（1623年）

ライプニッツのステップレコナー（1673年）

パスカルの加算機（パスカリン、1645年）

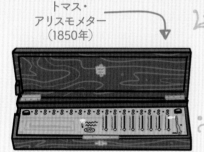

トマス・アリスモメーター（1850年）

フェルト・アンド・タラントのコンプトメーター（1885年）

バロウズのレジスタリング・アカウンタント（1892年）

ケルヴィン卿は1873年にアナログ式の潮候推算機を発明。

た。製造は技術的に複雑で、部品は2万5,000点以上に及び、重さは4トンもあったし、バベッジが機械工とけんかをしたという噂もありました。1834年、彼は階差機関のための資金を使い果たしたにもかかわらず、見るべき成果はほとんどありませんでした。このプロジェクトが行き詰まったのと同じ頃、彼は解析機関というさらに良いアイディアに気を取られてしまいました。

解析機関は単なる計算機ではありませんでした。どんな種類の数学的問題も解けるようにプログラムすることができました。工場の織機をプログラムするのに用いられていたパンチカード（36ページ参照）からヒントを得て、バベッジは機械をプログラムしたり情報を保存したりするのにパンチカードが使えると考えたのです。この汎用機は、現代のコンピュータと同じ機能を数多く備えたものでした。バベッジは研究を続け、解析機関のために自分で資金を出し、1847年から1849年にかけて階差機関2号機の設計をするに至りました。バベッジが生きている間に完成した機械は一つもありませんでしたが、解析機関はプログラム可能な「考える」機械の真の夢としては最初のものだと考えられていますし、バベッジの仕事はあらゆる世代のコンピュータ科学者にインスピレーションを与えました。

階差機関2号機はチャールズ・バベッジによって整然と設計された。2002年に、ロンドンの科学博物館がようやく完成させた

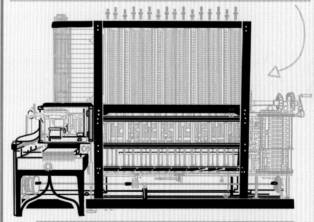

製作には17年かかり、部品は8,000個、重さは5トン、長さは3メートル以上に及んだ

1930年代にアメリカ政府は、数多くの計算係プロジェクトを作り出した。

 科学者

↓

 計画者

労働者たち

人間の計算係プロジェクトは通常このように組織された。

パンチカードの山

アメリカ合衆国の国勢調査

　ヨーロッパに比べ、アメリカは産業革命で後れを取っていました。しかし1880年代にはアメリカの製造業も人口も急成長しました。それはあまりに急で、アメリカの国勢調査は手作業では処理しきれなくなってしまいました。国勢調査では、国内に住む人の数をかぞえるだけでなく、婚姻状況、職業、年齢、性別、人種といったデータ要素も収集します。アメリカ合衆国憲法では、国勢調査を10年ごとに行うことが義務づけられています。1880年の国勢調査結果を集計するときには、人口は非常に大きくなっており、当時利用できた初歩的な集計機と手作業でデータを処理するのに8年近くかかりました。1890年の国勢調査では、1900年になるまでに処理が終わらないだろうことが明らかでした。政府は、この膨大なデータを保存・分類するための新しい方法を探さねばならなくなったのです！

　1888年にアメリカ政府はコンペティションを開催し、データをもっとも速く処理できる機械を誰が製作できるかを確かめて、1890年の国勢調査で有利な契約を結ぼうとしました。統計家のハーマン・ホレリスは、電気機械式の作表機を開発してこの契約を勝ち取りました。彼は、列車の車掌が切符に穴をあけて、乗客の目の色やその他の識別情報を記録している（そうすれば他の人が切符を再利用するのを防げるというわけです）ということに気づいたのち、パンチカードからヒントを得ました。パンチカードは、自動的にデータを保存・分類するための鍵でした。コンペティションに参加したほかの機械が集計用データの準備に2日近くかかっていたのに対し、ホレリスの機械ではたった5時間半しかかかりませんでした！　ホレリスの作表機を用いて、訓練を受けた事務員たちが2年半で6千万枚以上のパンチカードを処理し、アメリカ政府は数百万ドルを節約することができました。この成功が、データ収集を自動化するパンチカード機業界全体を後押しすることとなりました。

働く女性たち
新しいテクノロジーの登場によって、電報・電話交換手、そして計算係として、より多くの女性が労働力となった。

国勢調査事務員

1890年におけるアメリカ国勢調査の作表機を操作するのに雇われた事務員の多くは女性だった。

電話交換手

現代のコンピュータ史において、女性はその初めから欠くことのできない存在なのだ！

ビジネスマシン

1910年代から1920年代にかけて、アメリカの企業では電気作表機が用いられました。在庫の計算や記録、請求書の発行、給与計算、従業員の勤怠管理といったすべてが、パンチカードと専用の機械で簡単にできるようになったのです。1896年にハーマン・ホレリスは、パンチカードを用いた分類技術を専門とするタービュレイティング・マシン社を創業しました。この会社は一連の合併を経たあと、インターナショナル・ビジネス・マシン（IBM）社へと1924年に名前を変えました。

IBMは企業が必要とする機械、たとえば商用のはかり、産業用の出勤記録時計、作表機などを貸し出す一方、その機械専用に作られた使い捨てパンチカードを販売しました。これは「カミソリとカミソリの刃モデル」としばしば呼ばれるもので、このおかげでIBMは多くの企業が倒産した大恐慌を乗り切ることができました。それから一世紀以上にわたり、テクノロジーとコンピューティングの進歩とともに、IBMはコンピュータの歴史における重要な存在であり続けることになります。

IBMが初期の企業文化に与えた影響はこんにちにも残っている。

エバー・オンワード

企業文化

忠誠心を高めるために、IBMは従業員に集会用の歌を歌わせ、制服スタイルのダークスーツにネクタイを着用させ、個人の行動規範を守らせ、特別なトレーニングを受けさせた。セールスマンたちは、「100パーセントクラブ」に入って特典を受けることでモチベーションを高めた。

この時代のインパクト

産業革命によって、世界経済は農業労働から製造業へと根本的に変化し、現代のデスクワークのような仕事が必要とされるようになりました。政府は大規模に計算係を使うプロジェクトに資金を出し、電気作表機といった発明を奨励しました。データ収集の自動化は、爆発的に増える人口とビジネスの野心を管理する強力なツールとなりました。こういった数学的な重労働を電気機械に任せることのできる国が、将来的には有利になっていきました。この時代の終わり頃には、深い洞察力をもつ幾人かが、こういった機械の秘める大きな可能性を見通していました。現代のコンピューティングの基礎が築かれたのです。

IBMの標語
"THINK"
（考えよ）
はオフィスのいたるところに掲示されていた。

THINK

THINK

『ロッサム万能ロボット会社』（1921年）のような戯曲や『メトロポリス』（1927年）のような映画は、ロボットとAIというアイディアをポップカルチャーに導入した。

ジャカード織機（1804年）

　ジャカード織機は織物製作を一変させ、コンピュータの発展にも影響を与えました。複雑な柄を手織りするには、長い時間と繰り返しの手間がかかります。商人で織物職人だったジョセフ・マリー・ジャカールは、どんな柄でも自動で織れる織機用の機械式アタッチメントを1804年に発明し、織物業界に変革をもたらしました。柄は穴のあけられた堅く細長いカードで「プログラム」されました。このカードは、後に複雑なコンピュータプログラムの作成に使われることになるパンチカードの先駆けでした。

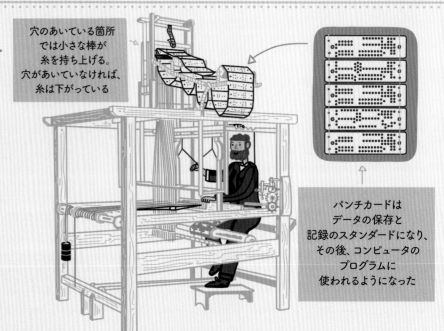

穴のあいている箇所では小さな棒が糸を持ち上げる。穴があいていなければ、糸は下がっている

パンチカードはデータの保存と記録のスタンダードになり、その後、コンピュータのプログラムに使われるようになった

初のコンピュータプログラムと解析機関（1843年）

　数学者で詩人でもあったエイダ・ラブレースは17歳のとき、チャールズ・バベッジがパーティで階差機関の一部が動作するのを披露してから、バベッジの研究に親しむようになりました。それから二人の長年の友情と協働関係が始まりました。とくにラブレースは、本質的には汎用コンピュータであった解析機関の設計から刺激を受けました。1843年に彼女は解析機関に関するフランス語の記事を翻訳し、独自の解説と注釈を付け加えて出版しました。ラブレースは、この機械には単なる数学計算以上のことができる可能性があると書き、プログラマが想像できるようなことは何でも（音楽を作ることでさえ！）できると考えました。注釈の一部として、ラブレースは解析機関が実行できるアルゴリズムについても書きました。歴史家はこれを世界初のコンピュータプログラムだと考えています。彼女の注釈は、コンピュータの歴史におけるもっとも重要な文書の一つとなりました。

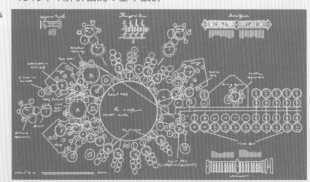

1840年の解析機関の基本設計

この機械は、算術論理演算装置や、条件分岐やループでの制御フローといった、現代のコンピュータの構成要素の多くを備えていた

エイダは数をかぞえる機械というあたたかみのないと思われていたもので、自己表現の可能性を見出した

ホレリス作表機の ダイヤル

40個のダイヤルが それぞれ、 異なるデータ項目を 表している

カードリーダー

事務員がプレートを押し下げる。
カードに穴があれば、ピンが水銀のはいった小さな くぼみに入り込み、回路が閉じて、 ある特定のダイヤルのカウンターに1が足される

分類表

カードが機械で登録されると、ある特定の 引き出しが開き、事務員がそのパンチ カードをどこに入れればいいのかがわかる

パンチカード の山

パントグラフ

アメリカの国勢調査事務員は、 各市民のデータを カードに打ち込んだ

ホレリスの作表機（1888年）

　初の電気機械式作表機は、1890年の国勢調査で使用されました（設置されたのは1888年）。パンチカードの特定の位置にある穴の数をダイヤルで数え、そして、カードの穴の位置を利用して自動的にカードを分類します。こうすることで、統計の作成がきわめて簡単になりました。たとえば、消防士のうち、結婚していて、自分の家を持っていて、25歳以上の人が何人いるかということを、事務員が簡単に調べられるようになったのです。機械がカードを読みこむたびにベルが鳴り、データを記録したことを知らせました。熟練した事務員であれば、1分でおよそ80枚のカードを処理することができ、これは手作業で仕分けをするより10倍も速かったのです。

彼女はテクノロジーに携わる女性たちのフェミニスト・アイコンとなっている

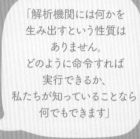

「解析機関には何かを生み出すという性質はありません。どのように命令すれば実行できるか、私たちが知っていることなら何でもできます」

解析機関について彼女が書いた注釈は、世界初のコンピュータプログラムだと考えられている

エイダ・ラブレース (1815-1852)

「言語が人間の理性の道具であり、思考を表現するための単なる媒体でないということは、一般に認められている真実です」

ジョージ・ブール (1815-1864)

1854年に彼はブール代数を作り上げた。これは、ある文の真偽を判断するのに用いられる、数学的推論と論理の手法である。真と偽というバイナリは、オンとオフ、そして数字の1と0にも変換される。何十年もあとに、コンピュータの回路はブール論理を用いて構成されることになった。なぜなら、機械はバイナリしか理解できないからだ。

グランヴィル・ウッズ (1856-1910)

階差機関と解析機関を設計した

「知識が増えるたびに、そして新しい道具が考案されるたびに、人間の労働は軽減されます」

数多くの歴史家が彼のことを「コンピューティングの父」だと考えている

チャールズ・バベッジ (1791-1871)

1800年代、数多くの発明家が有線で通信する新しい方法を考案した。1887年にウッズは、運転中の列車で使用する同期多重鉄道電信の特許を取得した。

彼の数々の発明は、列車の安全を高め、ニューヨークシティの地下鉄にも用いられた

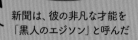

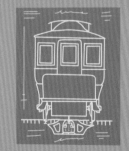

新聞は、彼の非凡な才能を「黒人のエジソン」と呼んだ

スペインの技術者・数学者で、1900年代初頭に遠隔での無線制御を開拓した

『自動機械についての小論』(1913年)で浮動小数点算術のアイディアを導入した。

チェスをプレイする自動機械を初めて作成し、1914年にはデモンストレーションに成功した。

レオナルド・トーレス・イ・ケベド (1852-1936)

「(車掌が)明るい髪色、暗い色の目、大きな鼻といった個人の特徴を、穴であけていきました。そういうわけで、私は各人の穴あき写真を作ったにすぎないのです」

ハーマン・ホレリス (1860-1929)

　ハーマン・ホレリスは、1889年に特許を取得した、革新的な「電気機械式パンチカード作表機」で1890年のアメリカ国勢調査の契約を勝ち取りました。ホレリスの作表機は、情報処理の方法を永久に変えてしまうほどの大成功をおさめました。ホレリスはタービュレイティング・マシン社を1896年に創業し、世界中の政府機関に機械を貸し出しました。彼は作表機を独占していたので、欲が出るようになり、レンタル価格を引き上げました。この価格引き上げによって、レンタルの機械はアメリカの国勢調査局には高すぎるということになってしまいました。1910年の国勢調査では、アメリカ政府は独自の作表機を開発し、特許法を（完全にとはいいませんが）ほとんど破りそうになりました。

　1912年にホレリスは会社を売却し、CTR社となったのですが、彼はその主席コンサルタントの地位にとどまり続けました。彼は自分の元の設計を改善することを頑なに拒み、CTR社はすぐに財政難に陥って、新しいイノベーションが必要だということになりました。1914年にCTR社はトーマス・J・ワトソン・シニアを雇い、研究チームを創設したり新しい販売戦略を実行したりするなど、会社の改善に着手しました。ホレリスは会社にとどまりましたが、1921年に引退して農場生活に移りました。「ボート、牛、バターのことで頭がいっぱいです」と語っています。

　ホレリスは自分のことを統計エンジニアだと考えていましたが、彼の作表機は彼の想像をはるかに超える使われ方をすることとなりました。彼の発明は、その後100年に及ぶデータ処理方法の基礎となったのです。

「要するに、あらゆる幹部職についているすべての男女の最初の義務は、この会社のモットーである『THINK（考えよ）』に従うことなのです」

トーマス・J・ワトソン・シニア (1874-1956)

　トーマス・J・ワトソン・シニアは、馬車でピアノやオルガンを行商するセールスマンとしてキャリアをスタートさせました。1895年に彼はNCR（ナショナル・キャッシュ・レジスター）社のセールスマンとして、社長であるジョン・ヘンリー・パターソンのもとで働き始めました。パターソンは風変わりな上司でした。従業員に乗馬を強要したり、気まぐれにボーナスを出したり解雇したりすることもありました。しかし彼は、演説をしたり、スローガンを作ったり、セールスマンのインセンティブになるような特典を与えたりして、強い企業文化を作り上げました。このことが、後にワトソンがIBMでリーダーシップを発揮しようとする際のヒントとなりました。ワトソンはNCR社のセールス学校を運営し、「THINK」というスローガンを作り出しました。そして1911年にNCR社の総支配人になったあと、パターソンは気まぐれにワトソンを解雇してしまいました。ワトソンは退職するときに、自作のスローガン「THINK」を持ち出し、CTR社で職を得ました（この会社は彼の指導のもとでIBMとなります）。11カ月後にはワトソンは社長に就任し、研究と発明に専念するチームを作り、IBMに競争力を与えました。

　ワトソンのリーダーシップのもとで、IBMは事務機器市場を事実上独占しました。1930年代には、彼は積極的かつ分別なく国際貿易を推し進め、ナチスドイツに国勢調査機を提供することも行いました。その機械は結局、ホロコーストで利用されました。1930年代における産業界の巨人たちの大多数と同じように、ワトソンは国家が後押しする憎悪に直面しておきながら、商業のもつ自由化の力を愚かにも信じていたのです。

　ワトソン自身は何か新しいテクノロジーを生み出したわけではありませんが、彼は（ときに問題のある）ビジネス戦術を通じて、世界でもっとも強力なテクノロジー企業の一つを作り上げました。第二次世界大戦中には、IBMはアメリカ軍初のコンピュータの一つであるマークIの製造に協力しました。彼は他界する1カ月前にIBMを退職し、自分の企業帝国の手綱を息子のトーマス・J・ワトソン・ジュニアへと引き渡しました。

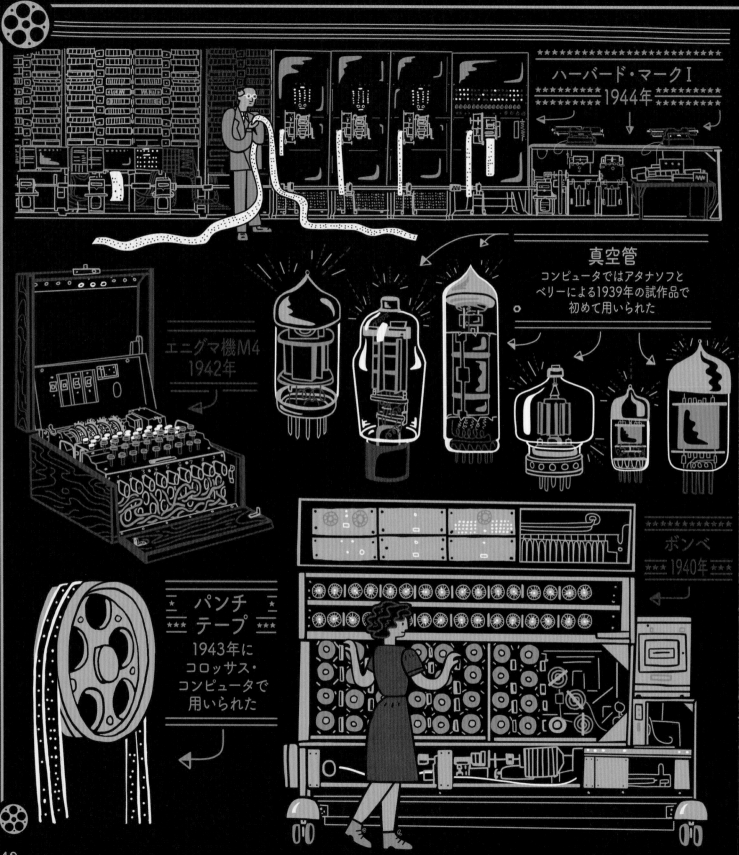

ハーバード・マークⅠ
1944年

真空管
コンピュータではアタナソフと
ベリーによる1939年の試作品で
初めて用いられた

エニグマ機M4
1942年

ボンベ
1940年

パンチ
テープ
1943年に
コロッサス・
コンピュータで
用いられた

第二次世界大戦と世界初のコンピュータ

1930年〜1949年

戦争の機械

　1939年にナチスドイツがポーランドに侵攻し、第二次世界大戦が始まりました。ドイツは全世界を支配しようとしてヨーロッパを侵略し始め、その一方でユダヤ人、ロマ、障がい者、LGBTQ+の人々を国家ぐるみで大量虐殺しました。この出来事は後にホロコーストとして知られています。そうして起こった戦争は、ファシズムとの闘いとして1945年まで続き、世界を枢軸国（ドイツ、日本、イタリア）と連合国（イギリス、アメリカ、ソ連、中国）へと分断しました。第二次世界大戦は世界中で推定7000万人の兵士を動員した大規模な戦争で、そこでは弾道やレーダーシステム、暗号解読といったテクノロジーが必要となり、それに伴って大規模な計算が必要になりました。こういった戦争努力によって、軍の資金を用いた大規模なテクノロジープロジェクトが立ち上がり、プログラム可能な第一世代のコンピュータが誕生することになったのです。

　秘密の暗号を解読し、爆弾を製造するのに役立つ「機械の頭脳」を作るための政府の極秘プロジェクトに、巨額の資金と人間の頭脳が費やされました。イギリスのコロッサスやアメリカのハーバード・マークＩはいちばん最初のコンピュータでした。こういった機械は、巨大で、薄暗く光り、触ると熱く、パンチテープの音やカチカチと鳴る部品、ライトの点滅で、大きな部屋をいっぱいに満たしていました。こういった戦争用の機械は、手作業で行うには複雑で時間がかかりすぎるような計算を行うのに役立ちました。コンピュータは連合国が第二次世界大戦で勝利するのに貢献し、このことはコンピュータ技術を戦争の武器として定着させることになりました。

歴史年表 TIMELINE

1938
パロアルトにある
HP社のガレージ

デイヴィッド・パッカード

ビル・ヒューレット

シリコンバレーの始まり

「シリコンバレー誕生の地」はカリフォルニア州パロアルトにあるHP（ヒューレット・パッカード）社のガレージだと考えられています。ヒューレットとパッカードは、ラジオ製作で会社を創業しました。1970年代にサンフランシスコ・ベイエリアの南部は、「シリコンバレー」と呼ばれるようになりました！

1936 モデルK加算器

ベル研究所の科学者ジョージ・スティビッツは、二つの二進数を足し算できる簡単な論理回路を作りました。彼はキッチンカウンターで、廃品のリレーと空き缶の金属を使ってこれを作り、コンピュータを設計するのにブール代数が使えることを示しました。

メメックスの設計

1945

「われわれが考えるかのように」

アメリカのエンジニアで科学行政官でもあったヴァネヴァー・ブッシュは、メメックスという記憶拡張装置について、思索的なエッセイを発表しました。そのなかで彼は、オンライン百科事典やハイパーテキスト、インターネットに相当する未来の技術について述べました——それらが発明される何十年も前に。

1947
冷戦

第二次世界大戦の終結後、アメリカとソ連の間で冷戦と呼ばれる地政学的緊張の時代が始まりました。作家のジョージ・オーウェルは、冷戦を「二つあるいは三つの怪物的な超大国が、数百万人もの人々を数秒のうちに一掃できるような兵器を所持している」状態だと評しました。

クロード・シャノン

1 = ON = TRUE
0 = OFF = FALSE

1948
ビット

クロード・シャノンは論文「通信の数学的理論」でビットを定義しました。1ビットは1桁の二進数、つまり0または1一つを表します。これは情報の最小かつもっとも基礎的な単位です。

1943 コロッサス・コンピュータ

イギリス軍は1943年から1945年にかけて、極秘軍事施設ブレッチレーパークでコロッサス・コンピュータを作りました。

1944

ハワード・エイケンが設計

プログラマであるグレース・ホッパー

ハーバード・マークⅠ

アメリカは世界初のプログラム可能なコンピュータの一つ、ハーバード・マークⅠを製造しました。この機械はアメリカの戦争協力のために、マンハッタン計画に必要な計算を始めました。

わぁ

1946 ENIAC が公開される

世界初のプログラム可能な汎用電子コンピュータであるENIACが大衆の前に姿を現しました。この「機械頭脳」に、取材陣は仰天しました。

1947

初めての「コンピュータ・バグ」

ハーバード・マークⅠとマークⅡは物理的に熱く、虫をひきつけました。1947年に、蛾がマークⅡの内部に入り込み、ハードウェア故障を引き起こしたことがありました。これが初の「コンピュータ・バグ」だと言われています。

「コンピュータが人間をだまし、自分を人間だと信じ込ませることができるときには、そのコンピュータは知的だと呼ばれるに値します」
——アラン・チューリング

あなたが一番好きな歌は？

「牧場の樹」

参加者が自分からは見えない相手の性別を推測するというパーティーゲームを元にしている。

1950

チューリング・テスト

イギリスの数学者で暗号学者だったアラン・チューリングは、コンピュータが本当に「知的」かどうかを判断する手法を考案しました。質問者がコンピュータと人間の両方に同じ質問を行い、どちらが人間かを推測するというものです。もしコンピュータが質問者をだませれば、そのコンピュータは知的だとみなされるわけです。これはAIの重要な理論となり、「チューリング・テスト」として知られています。

第二次世界大戦ではさまざまな戦いが繰り広げられましたが、そのなかには極秘の研究所での戦いもありました。それは、最速の銃火器、最先端のレーダーシステム、もっとも複雑な暗号と暗号解読の手法、そしてもっとも大きな爆弾といった技術を、どちらが先に開発するのかという競争でした。この戦争に勝つためには、大規模すぎて人間の計算係や機械式計算機だけではとても不可能な計算をおこなう必要があり、イギリスとアメリカはそれぞれ戦時用コンピュータを大急ぎかつ極秘に開発し、競争で優位に立とうとしました。

SF作家の
アイザック・アシモフは
『堂々巡り』
（1942年）や
小説短編集
『われはロボット』
（1950年）
を執筆し、
その後の
AI研究者たちに
インスピレーションを
与えた。

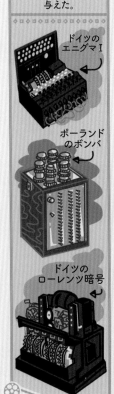

ドイツの
エニグマⅠ

ポーランド
のボンバ

ドイツの
ローレンツ暗号

ブレッチレーパーク

戦争中、イギリスはナチスドイツの攻撃にさらされていました。情報はあらゆる軍隊の生命線であり、イギリス軍はナチスの秘密通信を解読しなければならないと考えました。イギリスの都市に爆弾が降り注ぐようになったので、イギリス政府は郊外にあるブレッチレーパークで秘密の暗号解読チームを結成しました。

ドイツ軍は数千台ものエニグマ機を用い、暗号化したメッセージで通信をしていました。メッセージを傍受することそのものは簡単でしたが、ナチスが毎日変更する暗号鍵がなければ理解することは不可能でした。組み合わせは150兆を超え、その一つ一つを解読するのにちょうど24時間もかかったのです。ブレッチレーパーク内では、天才数学者アラン・チューリングが特別な暗号解読チームを率いていました。

その数年前の1938年に、ポーランドの暗号局はボンバ（カチカチいう音にちなんで名付けられたようです）という機械を作ってエニグマ機のメッセージを解読していました。しかし、第二次世界大戦中に新型のエニグマ機が登場すると、ボンバは時代遅れになってしまいました。このポーランドの古い機械をもとに、チューリングはボンベという、大幅に改良した暗号解読機を開発しました。ブレッチレーパークのチームは、ある文字を暗号メッセージの中で表すのに同じ文字を2度使うことはないという、エニグマ機の欠点を利用したのです。最初の2台のボンベは「ヴィクトリー」「アグネス」と名付けられ、ブレッチレーのチームは戦争のためにさらにたくさんのボンベを製造しました。しかし、この機械はナチス最高司令部が使用していたローレンツ暗号を解読するのにはまだ不十分でした。

ローレンツ暗号は12個の異なる暗号化ホイールを用いた、さらに複雑な暗号でした。ブレッチレーパークでは、物理学者のトミー・フラワーズが11カ月を費やして、ナチス最高司令部のメッセージを解読することだけを目的とした、プログラム可能な機械を開発しました。この機械はコロッサス・マークⅠと呼ばれ、最初の電子コンピュータの一つとして1943年に稼働しました。コロッサスの入力はおよそ時速27マイル（43.5キロメートル）で動く紙製パンチテープの連続ロールで、ローレンツ暗号を数週間ではなく、たった数時間で解読することができました。1943年から1945年までのあいだに、10台のコロッサス・コンピュータが戦争のために製造されました。

コロッサスとボンベから得た情報は、ノルマンディー上陸作戦を含む数々の軍事作戦に役立ちました。戦後、コロッサス・コンピュータは廃棄され、リサイクルされてしまいました。ブレッチレーパークで行われたことはすべて、何十年にもわたって最高機密だったのです。

ブレッチレーパーク

世界初のコンピュータ

「世界初のコンピュータ」が本当の意味で存在するわけではありません。というのは、数多くの人々がそれぞれ独立に、プログラム可能な「考える機械」を開発したからです。ここで紹介する機械は一般に、世界初のコンピュータだと考えられているものです。

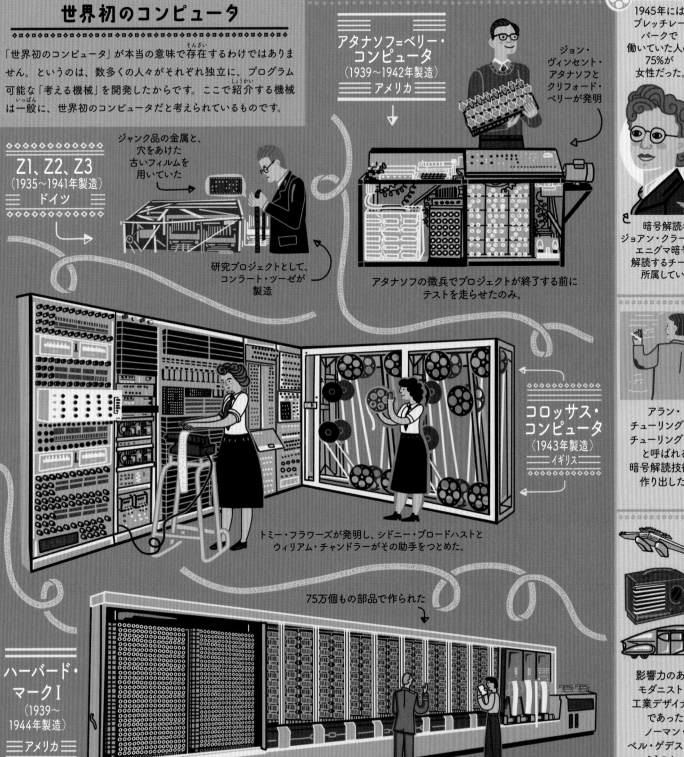

Z1, Z2, Z3
(1935～1941年製造)
ドイツ

ジャンク品の金属と、穴をあけた古いフィルムを用いていた

研究プロジェクトとして、コンラート・ツーゼが製造

アタナソフ=ベリー・コンピュータ
(1939～1942年製造)
アメリカ

ジョン・ヴィンセント・アタナソフとクリフォード・ベリーが発明

アタナソフの徴兵でプロジェクトが終了する前にテストを走らせたのみ。

コロッサス・コンピュータ
(1943年製造)
イギリス

トミー・フラワーズが発明し、シドニー・ブロードハストとウィリアム・チャンドラーがその助手をつとめた。

ハーバード・マークⅠ
(1939～1944年製造)
アメリカ

75万個もの部品で作られた

元の名前はIBM自動逐次制御計算機。

長さ約15メートルで重さは5トン

1945年にはブレッチレーパークで働いていた人の75%が女性だった。

暗号解読者ジョアン・クラークは、エニグマ暗号を解読するチームに所属していた

アラン・チューリングは、チューリングリーと呼ばれる暗号解読技術を作り出した。

影響力のあるモダニストで工業デザイナーであったノーマン・ベル・ゲデスが、マークⅠのケースをデザインした。

暗号解読は
アメリカの戦争に
とって
重要なものだった。

ウィリアム・カフィは、
100人の
黒人暗号解読者の
一団を率いた。
彼ら、彼女らは
重要な仕事を
成し遂げたが、
他の暗号解読者とは
人種隔離されていた

ハーバード・マークⅠ
が稼働したとき、
その音は
「部屋いっぱいの女性
が編み物をしている」
かのようだった。

火器管制

アメリカ軍では長距離砲の軌道を計算しなければなりませんでした。これを火器管制といいます。砲兵は、目標に向けて単純に照準を合わせるわけにはいきませんでした。地球の曲率、天候、湿度、風速などを考慮に入れなければなりません。こういった変数はすべて微分方程式に組み込まれました。第一次世界大戦に遡れば、レンジキーパーという機械式計算機が戦場や洋上での砲撃の計算と管制に用いられました。

アメリカの電気技師ヴァネヴァー・ブッシュと大学院生ハロルド・ロック・ヘイゼンは、1931年に微分解析機を製作しました。この機械は、手計算では解くことのできない微分方程式を計算するというものでした。微分解析機は驚くべきスピードで計算を行い、地震のシミュレーション、気象パターンの解明、電気ネットワークの構築、そしてもちろん弾道計算といった仕事をこなしました。1942年にブッシュは改良された完全電気式RDA（ロックフェラー微分解析機）を製作しました。RDAはコンピュータではありませんでしたが、第二次世界大戦中に用いられたもっとも重要な数学用機械の一つだと考えられています。この機械は、火器管制表、レーダーアンテナ、そして原子爆弾に必要な数式の計算に役立ちました。ブッシュのRDAでは、計算できる方程式の種類にまだ限界がありました。アメリカ軍はプログラム可能なコンピュータを製造しなければなりませんでした。

「コンピュータ」と呼ばれることになった
最初の機械はマークⅠだった

「『コンピュータ』とは、
この種の演算を
自動的に連続して行い、
必要な中間結果を
保存することのできる
機械のことを指します」
──ジョージ・スティビッツ

アメリカは初めての
コンピュータを作った

ハーバード大学の大学院生だったハワード・エイケンは、1世紀前にチャールズ・バベッジが中断したプログラム可能なコンピュータの開発を引き継ぎました。1936年にエイケンは、独自の大規模デジタル計算機を設計しました。大学図書館でエイケンは19世紀のバベッジの著作に出会い、「過去から自分に向けてバベッジが個人的に語りかけているように感じた」と述べています。3年後にエイケンは、プログラム可能なコンピュータを製造するのに必要な資金と最高のエンジニアたちを得るために、IBMと協働を始めました。1941年にエイケンがアメリカ海軍に加わると、それは特別な軍事プロジェクトとなりました。機械はハーバード・マークⅠと改名され、1944年に完成しました。

マークⅠのような第一世代のコンピュータは、現代の標準では遅くて「ばか」でしたが、手計算よりはずっと速いものでした。コンピュータの速度は、回路内の電気をどれだけ素早くオン・オフできるかで決まります。マークⅠの機械式スイッチは物理的に動かす必要があったので、時間がかかったし、スイッチが摩耗して故障する可能性もありました。いったん演算がセットされると、マークⅠは何時間も、時には何日もかけて計算を完了させました。エイケンはそれを、機械が「数を『作って』いる」と表現しています。マークⅠは1959年まで使用され、レーダー開発、監視カメラレンズ、魚雷設計といった数多くの軍事計算に用いられました。エイケンはアメリカ軍向けにハーバード・マークシリーズの改良を続け、マークⅠからⅥまで設計チームを率いました（Ⅵは1952年に製造されました）。

マークⅠが製造されているあいだに、ペンシルヴァニア大学ムーアスクール電気工学科の地下深くで、別の極秘コンピュータプロジェクトが進行していました。1943年から1945年にかけて、物理学者ジョン・モークリーと発明家J・プレスパー・エッカートがチームを率い、電子的な速度で動作する初の大規模コンピュータを開発しようとしていたのです。この機械はENIAC（エレクトロニック・ヌメリカル・インテグレータ・アンド・コンピュータ）と呼ばれることになります。マークⅠの機械式スイッチとはちがって、ENIACではオン・オフを切り替えるのに真空管を用いて

コンピュータと原爆

ハーバード・マークシリーズとENIACはどちらもマンハッタン計画（1942年から1946年まで）で利用されました。ドイツ政府が独自に核兵器を開発しているのではないかという恐れがあり、マンハッタン計画は原子爆弾を作成するための国家的優先事項として極秘に遂行されました。1945年にアメリカ軍は日本の広島と長崎に原子爆弾を投下しました。約20万人が死亡し、そのほとんどが民間人でした。多くの人がこの残酷な力の誇示を第二次世界大戦の終結と位置づけていますが、原爆投下が戦争終結に必要だったかどうかについて、歴史家たちはいまだ議論を続けています。

ました。このことで、可動部品がなくなり、より高速になったのです。ENIACは1945年、第二次世界大戦が終結した数カ月後に完成しました。科学者たちは、この機械が高速の弾丸よりも速く弾道を計算できると発表しました。（ENIACの詳細については49ページ参照）。軍がENIACを一般公開すると、「点滅するENIACはとんでもない天才！」という見出しが躍り、ニュース映画は「これが世界初の電子コンピュータです。今はアメリカ陸軍のために数学の問題を解いています。でもどうでしょう？ いつかこの手の機械があなたの所得税をチェックすることになるかもしれません」と述べました。アメリカ軍はその後10年にわたってENIACを使用し、冷戦時代に利用された数多くの軍用計算機の最初のものとなりました。

時代のインパクト

第一世代のコンピュータは、現在私たちがポケットに入れて持ち運んでいるような親しみやすい機器とはかけ離れたものでした。部屋全体を埋め尽くすほどの大きさで、動作するのに膨大な電力を消費しましたし、プログラムするのにも肉体的な負担がかかりました。部屋いっぱいの大きさの機械が、点滅し、カチカチと音をたてながら、死傷者の数を計算し、ミサイルの照準を合わせていたのです。こういった機械は秘密のプロジェクトで使用され、訓練を受けた科学者や軍人だけが操作できました。戦争が終わっても、コンピュータはその大きさと価格から、何十年ものあいだ、一般人の手には届かないものでした。

アメリカは第二次世界大戦後に、さまざまな理由からテクノロジーの分野でリーダーとなりました。ヨーロッパのほとんどをはじめ世界の多くの地域が爆撃と戦争で荒廃していたのに対し、アメリカ本土は無傷のままでした。イギリスとは異なり、アメリカでは軍事技術を完全には秘密にしておらず、多くのプロジェクトは大学や民間企業から資金を得ていました。戦後のアメリカでは好景気によって新中間層が生み出され、多くの企業でデスクワークが誕生しました。これらが後に、戦争中に考案されたテクノロジーを利用していくことになります。

重要な発明 IMPORTANT INVENTIONS

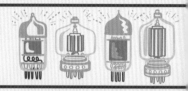

トランジスタ（1947年）

コンピュータの回路の基本は、オン・オフの状態を切り替える機能です。機械式のハーバード・マークⅠのようなコンピュータには可動部分があり、信頼性が低く、速度も遅いものでした。ENIACやコロッサス・コンピュータは真空管を使用していますが、故障しやすく、すぐに焼き切れてしまいます。もっと良い方法があるはずでした！

1947年にベル研究所のジョン・バーディーンとウォルター・ブラッテンは、超高周波の電波の増幅装置を作ろうとしました。彼らはゲルマニウムという半導体結晶で実験を始めました。二人は、（非常に近くに配置されているが接触していない）2本の金線をゲルマニウムに付け、それから電気を流すと、信号が増幅されることを発見しました。これが点接触型トランジスタです。

トランジスタは真空管の数分の一しか電気を使わず、より小型で耐久性に優れています。このトランジスタが、ラジオやテレビで使われていた真空管に取って代わることになりました。点接触型トランジスタは電気信号のオン・オフを切り替えることのできる、固体電子スイッチでもありました。1953年にはマンチェスター大学で、初めて完全にトランジスタ化されたコンピュータが製造されました。

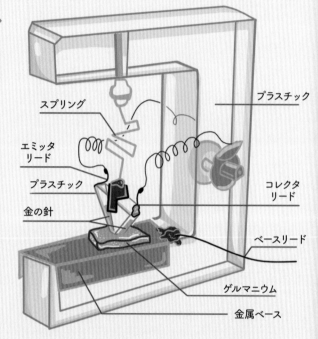

スプリング
プラスチック
エミッタリード
プラスチック
金の針
コレクタリード
ベースリード
ゲルマニウム
金属ベース

レーダー（1934年）

洞窟の中で声が反響するのと同じように、固体物体が電波を反射し「はねかえす」ことは1880年代から知られていました。1934年にアメリカの海軍研究所で、科学者たちがレーダー（レイディオ・ディテクション・アンド・レインジング）の実演を行い、電波のパルスを用いてポトマック川の約1.6キロメートル先を飛行する飛行機を追跡しました。オシロスコープ上で、ぼんやりした緑色の点が飛行機の位置を示していました。

第二次世界大戦中にアメリカとイギリスはレーダー技術を共有しました。バトル・オブ・ブリテンでイギリス空軍はドイツ軍機に圧倒されましたが、イギリスの優れたレーダーシステムのおかげで、ドイツより小規模なイギリス空軍は約160キロメートル先からやってくる敵を発見し、迎撃をすることができました。

レーダーとコンピュータの歴史は緊密に結びついています。初期のコンピュータディスプレイの多くは、レーダースコープを再利用していました。トランジスタや遅延線メモリといった初期のコンピュータに用いられた技術は、当初はレーダーのために開発されたものでした。こんにち、レーダーに基づく技術は何十億もの機器に搭載されています。航空管制、気象観測、宇宙開発、そしてスマートフォンにとっても非常に重要なものなのです！

初期のコンピュータに用いられた遅延線メモリは、元はレーダーのために開発された技術だった

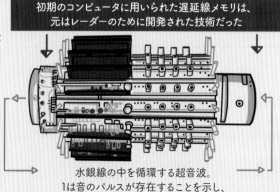

水銀線の中を循環する超音波。
1は音のパルスが存在することを示し、
0は存在しないことを示している。

ENIACは重さ30トン、高さ約2.4メートル、
奥行き約0.9メートル、長さ約30.5メートルだった。

J・プレスパー・
エッカート

1万8,000本の
真空管のうち
毎日少なくとも
1本を
交換しなければな
らなかった

ジョン・
モークリー

ENIACの
ファンクション・
テーブルの一つで
スイッチを
設定している

ENIACの稼働（1945〜1955年）

　ENIACは電子的な速度で動作する、初の大規模汎用コンピュータでした。入出力ではIBMパンチカードを読み取り、3台のファンクション・テーブルでプログラムが行われました。これは、電話交換機のような見た目で、1台1台が10ポジションのロータリースイッチを1,200個搭載していました。ENIACは堂々たるもので、約30.5メートル四方の部屋を埋め尽くし、プログラミングは肉体的に大変な作業でした。計算中には1万8,000本の真空管がチカチカと瞬きました。10年間の運用で、それまでの人類の歴史で行われたあらゆる計算を合わせたよりも多くの計算を行いました。

影響力のあった人々

「ロボットにとっての
私たちが、
人間にとっての
犬のような存在になる
時代を想像して、
私は機械を応援
しているのです！」

彼は
ブール代数を
回路に利用する
方法を考案した

クロード・シャノン
(1916-2001)

彼は、1948年の論文「通信の数学的理論」によって
「情報理論の父」と呼ばれるようになった

シャノンは第二次世界大戦中のアメリカにおいて、
重要な暗号解読者だった。
1949年の論文「秘匿システムの通信理論」は
彼が戦時中に行った秘密研究に基づいたものだった

ブレッチレーパークで
暗号解読者として働き、
アラン・チューリングとともに
エニグマ機の解読を行った。
1944年にフラワーズは、
コロッサス・コンピュータの
製造チームを率いた

トミー・フラワーズ
(1905-1998)

コロッサスは
ノルマンディー上陸作戦の
計画に役立った

戦後に彼は
コロッサスに関する
証拠となるものを
すべて破壊し、
設計図も焼却するよう
強いられた

ヴァネヴァー・ブッシュ
(1890-1974)

1945年に
ブッシュは影響力の
あるエッセイ
「われわれが
考えるかのように」
を書いた

「科学者がどこまでも
自由に真実を追求できる限り、
新しい科学知識はそれを
実際の問題に適用できる人達に
流れ込んでいくでしょう」

科学研究開発局の長官として、
ブッシュは第二次世界大戦に勝つため、
軍事費を編成して科学に焦点をあてた。
彼はマンハッタン計画の
監督と組織化を行った

1950年にブッシュは、
平時に政府資金での研究を
行うため、NSF（全米国立
科学財団）を立ち上げた。

「自分のアイディアをだれかが盗む
といった心配をする必要はありません。
それが良いアイディアなら、
それを皆の喉に押し込まねば
ならないのですから」

エレクトロ
ニクスと
データ処理に
関する数々の
論文を発表した

ハーバード・
マークⅠから
Ⅵを製造する
チームを率いた

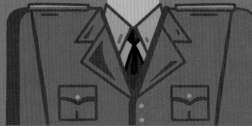

ハワード・エイケン
(1900-1973)

彼は戦争協力におけるコンピュータ科学プログラムを
リードした人物の一人

「紙と鉛筆と消しゴムを与えられ、厳密な規律にしたがう人間は、事実上、万能機械なのです」

アラン・チューリング（1912-1954）

イギリスの数学者アラン・チューリングは、コンピュータ史の最重要人物の一人とみなされています。1935年に彼は現代のコンピュータを概念化し、十分な時間とメモリがあれば、この機械がどれほど複雑なアルゴリズムでもシミュレートできると主張しました。「チューリング機械」とは本質的に、強力なタイプのコンピュータを表したものです。こんにち、スマートフォンやノートパソコンも「チューリング完全」と考えられています。

チューリングは1938年にプリンストン大学で博士号を取得し、イギリスに帰国して暗号解読に従事しました。第二次世界大戦中には、彼はブレッチレーパークで最高機密の暗号解読プロジェクトを率い、彼のチームが収集した情報は、戦争の早期終結に不可欠なものとなりました。その後、チューリングは1950年の論文「計算機械と知性」で「機械は考えることができるか？」という究極の問いを投げかけました。彼は、コンピュータが人間と同じくらい知的に見えるほどに複雑化する未来を想像していました。チューリングは、コンピュータと人間の両方に会話で質問をするというテストを考案しました。もしもコンピュータが質問者をだまして人間だと思わせられれば、その機械は「知的」とみなされる、というものです。これはチューリング・テストと呼ばれ、AI発展の基礎となっています。

チューリングはゲイでしたが、当時同性愛は犯罪でした。1952年に、チューリングは刑務所に入るか強制的なホルモン治療を伴う保護観察か、という残酷な選択を迫られました。後者を選択したチューリングは、ホルモンのせいでうつ病に苦しみました。1954年に彼は自死したというのが歴史家たちの見解です。2013年に彼は死後恩赦を受け、戦争の英雄として正当に記憶されることになりました。コンピュータ・サイエンスのチューリング賞は、彼にちなんで名付けられています。

キャスリーン・アントネッリ（1921-2006）

フランシス・スペンス（1922-2012）

マーリン・メルツァー（1922-2008）

「この機械ならやりたいことは何でもできると確信していました。私たちはそのことについてはうぬぼれていたので、それを実現しようと試みたのです！」

ジーン・バーティク（1924-2011）

フランシス・"ベティ"・ホルバートン（1917-2001）

ルース・タイテルバウム（1924-1986）

ENIACの女性たち

1945年のENIAC完成後、この機械のプログラミングという大変な作業が待っていました。この仕事は6人の女性計算係によって行われました。この6人は当初、ENIACを直接見るためのセキュリティ・クリアランスすら持っていませんでした。プログラミングツールのない時代に、彼女らは配線のブロックダイアグラムを用いて、機械をプログラムするためのロジックを考えました。そして何百本ものケーブルを物理的に接続し、3,000個ものスイッチを設定してプログラミングを行ったのです。彼女らはコンピュータをデバッグする方法を考案し、最初のソーティングアルゴリズムと最初のソフトウェアアプリケーションを作成したとされています。

1946年にENIACは報道で一般に知られるようになりました。しかし彼女たちは、公式にその功績を認められることがありませんでした。バーティクは「自分たちが何かを知っているという扱いを受けたことが一度もありません。報道陣がやってくると、彼らは私たちにモデルのように振る舞わせ、スイッチを設定するふりをさせました。私たちは歴史の一部だとは決してみなされなかったのです」と回想しています。彼女らはその後、第一世代のコンピュータプログラマを教え、バーティクはBINACとUNIVACにも携わりました。ホルバートンはプログラミング言語COBOLの開発プロジェクトに従事しました。当時は認められていませんでしたが、ENIACの女性たちはコンピュータの歴史の流れを変え、今ではパイオニアとして評価されています。

コアメモリ
1953年に
初めて
コンピュータに
用いられた

磁気テープ
1951年にコンピュータの
データ記録に初めて用いられた

1964年に導入された
IBM System/360
の一部

1966年にTV放映された
『スタートレック』

月面着陸（1969年）

1955年の
UNIVAC
システムの
パンフレット

The UNIVAC SYSTEM

IBM 360

戦後の好景気と宇宙開発競争

1950年～1969年

冷戦と消費主義

　第二次世界大戦後、アメリカとソ連は世界の二大超大国として台頭しました。この二国のイデオロギーと政治の違いは緊張の源となり、どちらの国も世界中の領土と影響力を求めて、宇宙空間ですらも競い合いました。この対立の時代がいわゆる冷戦で、スパイゲームや軍事的転覆、政治介入などを含め、そののちの40年間の地政学に大きな影響を与えました。両国は核兵器の備蓄を開始し、最初の人工衛星を（そして最終的には人間を）宇宙へ打ち上げようと競争しました。この間に世界では他の通常戦争が行われていましたが、核戦争の脅威は、二つの超大国が伝統的な戦闘に直接かかわるのを避ける理由の一つとなっています。

　両国では、冷戦を背景にコンピュータがさらなる発展を遂げました。1950年に、ソ連は最初のプログラム可能なコンピュータであるMESM（小型電子計算機）を完成させています。アメリカは、第二次世界大戦中に科学研究の戦略的価値を学び、コンピュータのプロジェクトに惜しみなく資金を注ぎ続けました。

　アメリカは、第二次世界大戦の影響を受けた他の国々とは異なり、経済が無傷のままで戦争から抜け出しました。このため、数多くのアメリカ人が戦後の新しい中産階級に属することになりました。活況を呈するビジネスをサポートするためにコンピュータが製造され、商業的な需要が新しい種類のイノベーションを促しました。こういった巨大なコンピュータは、一般人には物理的にも経済的にも手の届かないものでした。それでも、一般市民はこのとき初めて「考える機械」のことを、そしてこれらを使って集合的「思考力」を高める方法のことを知ったのでした。

歴史年表 TIMELINE

初のコンパイラ

グレース・ホッパーは、実装されたコンパイラA-0を初めて完成させました。コンパイラを使えば、プログラマはバイナリコードではなく言葉でコンピュータに「話しかける」ことができます。

1951
UNIVAC

UNIVAC（ユニバーサル・オートマティック・コンピュータ）は商業的に成功した初めてのコンピュータでした。

この機械が「半自動」と呼ばれたのは、核攻撃を開始できるコンピュータに人間の制御が及ばないのは恐ろしいと人々が考えたから。

ビデオコンソール

ライトガン

1958
SAGE 稼働

ソ連が突然攻撃してくるという脅威に備えて、アメリカ軍はアメリカ国内とその周辺の空域を監視するコンピュータネットワーク「SAGE（半自動防空管制組織）」を構築しました。

またの名をコンピュータチップ

1958
初の集積回路

集積回路（IC）とはコンピュータを構成するすべての部品を、一片の半導体材料の上に刻み付けたものです。ICに搭載するトランジスタの数を増やし、より小さくすることで、コンピュータをより小さく、より強力なものにすることができます。

技術の自己成就予言だと考えられている。

トランジスタの数

年

1965
ムーアの法則

技術の向上に伴い、トランジスタはどんどん小さくなりました。インテル社の共同創業者ゴードン・ムーアは、一つのコンピュータチップに搭載されるトランジスタの数が指数関数的に増大し、2年ごとに2倍になるだろうと予測しました。この予測は数十年にわたり的中し、チップの製造企業に毎年の目標を与えました。

1968
あらゆる実演の母

SRIのダグラス・エンゲルバートは、「人間の知性を高めるための研究の核心」というプレゼンテーションを行い、パーソナルコンピュータ革命に刺激を与えました。ウィンドウを用いたインターフェース、ハイパーテキスト、グラフィクス、ナビゲーションと入力、遠隔会議、ワードプロセシング、マウスをライブで実演しました。

マンチェスターマシンと呼ばれた。

この数カ月後、ベル研究所は完全にトランジスタ化されたTRADICというコンピュータを空軍のために製造した。

1953

完全にトランジスタ化された初のコンピュータ

マンチェスター大学のチームが、トランジスタだけを用いた初のコンピュータの試作品のデモンストレーションを行いました。

IBMで、ジョン・バッカス率いるチームが開発した

1957 FORTRAN 登場
フォートラン

FORTRAN（フォーミュラ・トランスレーション）は広く用いられた高級コンピュータ言語の最初期のものの一つだと考えられています。プログラマはバイナリで書く代わりに、英語の速記法と代数方程式の組み合わせを用いました。

← CDC160-A

高さ1.5メートル、幅90センチ、奥行き76センチ

10万ドル

PDP-1 →

高さ2.4メートル、幅60センチ、奥行き1.8メートル

12万ドル

1959 最初のミニコンピュータ

DEC（デジタル・イクイプメント社）は1959年に初のミニコンピュータ、PDP-1を発デック
売しました。1年後にCDC（コントロールデータ社）はCDC 160-Aを製造しました。
どちらのコンピュータもメインフレームコンピュータよりずっと安価で小型でした。ミ
ニコンピュータは、小規模な研究室や企業、学校などで大活躍するようになりました。
しょうきぼ　　　　　きぎょう　　　　　だいかつやく

レナード・クラインロックはパケット交換理論に関する初の論文を1961年に発表した。

1969

ARPA ネット
アーパ

ARPAネット（高等研究計画局ネットワーク）はカリフォルニア州の3台およびユタ州の1台のコンピュータからなる、インターネットの出発点でした。コンピュータはパケット交換方式を用い、電話線でメッセージをやりとりしました。長いメッセージを送ると電話回線は混雑してしまいます。パケット交換方式では、メッセージは小さなデータ「パケット」に分割され、とうちゃくご　なら　か
それぞれが迷路のような電話回線をもっとも効率的な経路で移動し、到着後に並び替えられてメッセージを再構成します。

　冷戦中、アメリカ軍は歴史上もっともお金のかかる科学技術プロジェクトを発注しました。その目的は兵器や防衛システムの構築でしたが、そのおかげでエンジニアたちは利益のことを気にせずにコンピュータ・サイエンスという最新分野を推し進めることができたのでした。ホワールウィンドやSAGE（半自動防空管制組織）といったお金のかかるプロジェクトはすべて、冷戦の対立がきっかけとなったものでした。

　私たちが毎日のように頼っている技術は、こういった計画が間接的に発展させたのです。

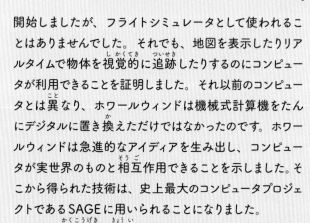

ホワールウィンドとSAGE

　1945年、アメリカ海軍はMITと契約を結び、「ホワールウィンド」というフライトシミュレータを製造することになりました。それは困難な仕事でした。スピードと柔軟性を備え、リアルタイム・インタラクションを扱える新技術を発明する必要があったからです。この開発中に、ロバート・エヴァレットはジェイ・フォレスターの助けを得て、オシロスコープを用いてプログラムの結果を見られる最初のコンピュータディスプレイを開発しました。さらにフォレスターは磁気コアメモリを開発しました。これは信頼性の高い初期のRAMで、航空管制のような重要なプログラムに用いられました。毎年100万ドル以上の開発費のかかったホワールウィンドは、1951年に稼働を開始しましたが、フライトシミュレータとして使われることはありませんでした。それでも、地図を表示したりリアルタイムで物体を視覚的に追跡したりするのにコンピュータが利用できることを証明しました。それ以前のコンピュータとは異なり、ホワールウィンドは機械式計算機をたんにデジタルに置き換えただけではなかったのです。ホワールウィンドは急進的なアイディアを生み出し、コンピュータが実世界のものと相互作用できることを示しました。そこから得られた技術は、史上最大のコンピュータプロジェクトであるSAGEに用いられることになりました。

　ソ連の核攻撃の脅威に絶えずさらされる中、アメリカ政府は空を監視し、コンピュータの全国ネットワークで通信を行いました。1958年から1984年まで、SAGEは国内外の航空管制を監視し、攻撃に対する早期警戒システムであるNORAD（北アメリカ航空宇宙防衛司令部）を制御しました。データはレーダー塔やパトロール中の飛行機・船舶から収集され、各地のコマンドセンターで処理されました。センターでは、メインフレームコンピュータがフロア全体を埋め尽くしていました。オペレータはビデオコンソールでコンピュータを操作し、画面上で直接ライトガンを用いて目標を選択します。各オペレータは小さな輝点を見て、その光点の形が民間機なのか、味方なのか、敵なのかを判断しなければなりませんでした。SAGEの巨大なコンピュータネットワークは、グラフィカルインターフェースや、インターネットの最初のバージョンであるARPAネットの開発に影響を与えました。

1950年代から60年代にかけて、高速で高価なスーパーコンピュータをCDCやIBMといった企業が製造した。

パンチカードに書かれたもっとも長いプログラムはSAGEのためのものだった。

それはパンチカード6万2,500枚分にも及んだ（約5MBのデータ）。

SAGEは今なお史上最大のコンピュータプロジェクト。1954年に100億ドルを費やした。

宇宙開発競争

1957年にソ連は初の人工衛星、スプートニク1号を宇宙に打ち上げました。同年にソ連はライカという名前の犬も打ち上げ、1961年には初の宇宙飛行士ユーリ・ガガーリンを宇宙に送り出しました。ソ連の宇宙開発プログラムは、アメリカに対する大きな脅威だとみなされました。ソ連が宇宙でナンバー2なのだとすると、アメリカはどうすれば世界一の超大国になれるでしょうか？　それに、ソ連が宇宙からミサイルを発射する方法を見つけたらどうなるのでしょうか？　この宇宙開発競争に勝利するため、アメリカ政府は1958年にNASAを創設しました。

ガガーリンの宇宙飛行から3週間後に、アメリカはマーキュリー計画の一環として、最初の宇宙飛行士アラン・シェパードを宇宙に送り出しました。同じ年に、ジョン・F・ケネディ大統領は10年以内にアメリカ人が月面に降り立つと発表しました。アポロ計画は、この目標を達成するために行われたNASAのプロジェクトの一つでした。これは史上最大の科学的取り組みの一つであり、NASAは民間企業やアカデミアから40万人以上を雇用することになりました。

NASAにおけるもっとも先進的な技術開発の一つがAGC（アポロ誘導コンピュータ）です。マーキュリー計画のような初期の宇宙ミッションでは、宇宙飛行士は操縦かんを用いて手動で宇宙船を操縦していました。アポロ宇宙船も宇宙飛行士が自ら操縦したいところではありましたが、月まで往復する距離と複雑さを考えれば、コンピュータでないと不可能でした。アポロ宇宙船のコマンドモジュールとサービスモジュールに搭載できるくらい小さなコンピュータを作るために、NASAは新発明の集積回路（60ページ参照）といった最先端技術を利用しました。10年近くにわたる宇宙飛行の成功、ミッションの失敗、数多くの問題の解決を経て、1969年にアポロ11号ミッションが成功裏に終わりました！　マイケル・コリンズが軌道上のコマンドモジュールを操縦するなか、宇宙飛行士ニール・アームストロングとバズ・オルドリンは月面を歩き、人類史上もっとも素晴らしい景色の一つを捉えたのです。

最初のコンピュータチップは航空宇宙システムで用いられた。

最初のヘッドマウントディスプレイは「ダモクレスの剣」という名前で、1968年にワイヤーフレーム・コンピュータグラフィクスを表示できた。

メインフレームコンピュータは、コンピュータの電子部品が巨大な金属フレームに固定されていたのでそのように呼ばれた。

隠れた英雄たち

アメリカの歴史を通じて、黒人は技術に多大な貢献をしてきた。しかし、アメリカでは人種隔離と人種差別が続いてきたため、彼ら・彼女らの物語はこれまで語られてこなかった。ここでは、宇宙探査にたいして重要な貢献をした数多くの黒人数学者や黒人エンジニアのうち、何人かを紹介しよう。

マーキュリー計画での打ち上げウィンドウと、アポロ11号の軌道を計算した

キャサリン・ジョンソン
（1918-2020）

1958年にNASA初の黒人女性エンジニアとなった

彼女ら3人は計算係としてNASAでの仕事を始めた。

メアリ・ジャクソン
（1921-2005）

アポロ16号で月面車の誘導システムを開発した

アーネスト・C・スミス
（1932-2021）

アニー・イーズリー
（1933-2011）

代替電力技術やセントール上段ロケットのためのコンピュータプログラムを開発

彼はマーシャル宇宙飛行センターのアストリオニクス研究所所長を務めた

他にもたくさんいる！

コストの関係で、プログラミングはパンチカードの束やパンチテープで行うのが主流だった。

うわぁ

プログラマたちはパンチカードを整理して順番通りにしておくのに神経をすり減らした。風が吹いてカードが乱れてしまうと何日もの仕事が無駄になるから。

1961年、UNIVACはコミック『スーパーマンのガールフレンド、ロイス・レイン』の表紙を飾った。

戦後の消費主義

政府がコンピュータの研究プロジェクトに資金提供をしていた頃、戦後経済の活況のおかげで、新しいビジネスマシンを製造・販売するための機が熟しました。企業は、政府が資金を提供したコンピュータ研究からインスピレーションと技術を取り入れて、コンピュータを大衆市場向けに作りかえました。

UNIVAC

1940年代後半には、EMCC（エッカート・モークリーコンピュータ社）をはじめ、コンピュータのスタートアップ企業が数多く登場しました。EMCCは、戦時中のコンピュータENIACの成功と称賛の流れを受けて、J・プレスパー・エッカートとジョン・モークリーが設立しました。1946年にエッカートとモークリーは、データの集計を行って旧式の計数機と置き換えるため、UNIVACに資金を提供するようアメリカの国勢調査局を説得しました。新しいコンピュータシステムを作るというのは大変な仕事でした。EMCCは資金不足で、エンジニアもわずか十数人しかいませんでした。彼らはフィラデルフィアのダウンタウンにある紳士服店の上のロフトで、一緒にUNIVAC開発に取り組みました。夏場には部屋がう

UNIVACはテレビの生中継に登場し、1952年の大統領選の結果を予測した。

わぁ!

この出来事は、コンピュータが大衆文化の象徴となるきっかけとなった

だるように暑くなり、エンジニアたちは休憩をとって頭から水をかぶることもありました。そういった状況のなかでも、チームは磁気テープをはじめとするメモリやストレージシステムの開発を進めました。磁気テープは既にオーディオ録音に使われてはいましたが、以前のパンチ紙のような穴がなかったため、初期のコンピュータの顧客たちは「見えない」テープに最初は不信感を抱きました。

タイプライター会社のレミントン・ランド社は1950年にEMCCを買収し、ついには1951年にUNIVACが本格稼働して、国勢調査局で使われるようになりました。UNIVACは商業的に成功した最初のコンピュータとなりました。

バッチ処理　VS.　タイムシェアリング

1950年代から60年代、プログラムを実行するには、パンチカードの束をコンピュータのオペレータに提出し、その結果を何時間も、あるいは何日も待った。

プログラムは大きな束ごとに、一度に一つずつ実行された。

しまった!プログラムがバグだらけで、それを調べるのに2日もかかってしまった

マサチューセッツ工科大学の研究者たちは1960年代に、複数の人が同じコンピュータを使えるようにするプログラムを開発した。

すごい!これは速い!

1台のコンピュータに複数のコンピュータ端末を取り付け、10分の1秒ごとに異なるプログラムを切り替える。

コンピュータの動作は、技術的には遅くなるが、人々はより速く結果を得ることができた。

IBM
System/360

磁気テープ

━━━ テレタイプ ━━━

テレタイプは入力装置と
出力装置を兼ねていた。
タイプライターが電話線でコンピュータに
接続され、紙プリンタがディスプレイ
として機能した

1950年代から
70年初頭まで、
ほとんどの人が
テレタイプで
コンピュータに
アクセスしていた。

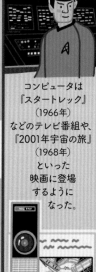

コンピュータは
『スタートレック』
(1966年)
などのテレビ番組や、
『2001年宇宙の旅』
(1968年)
といった
映画に登場
するように
なった。

IBMとその
小さな
競争相手である
バロウズ、
ハネウェル、
UNIVAC、NCR、
CDC、RCA、GEの
7社は、
白雪姫と7人の小人
というニックネームで
呼ばれた。

メインフレームの覇権をめぐる争い!

　EMCC が UNIVAC を開発しているあいだ、IBM は政府との契約に焦点をあてており、商用コンピュータ市場のことは無視していました。1951年に UNIVAC が登場すると、UNIVAC は IBM の時代遅れのオフィス用作表機に取って代わりました。そのため、IBM は市場シェア回復に必死になりました。1959年に IBM は水色のスタイリッシュなコンピュータシステム、モデル1401を発表しました。毎分600行という驚異的なスピードを誇る「チェーン」プリンタで売上を伸ばしました。

　1960年代には全コンピュータの3分の1が IBM 製になりましたが、大成功の裏には大きな問題がありました。IBM には12種類のコンピュータ系列と5種類の異なる製品ラインがあり、そのいずれにも互換性がなかったのです。もうめちゃくちゃでした! IBM のコンピュータを統一するため、1959年に System/360 という秘密プロジェクトが始動しました。1965年に登場したのは、IBM の全360機で互換性のあるソフトウェアを共有する、単一のコンピュータアーキテクチャでした。企業はもはや巨大なコンピュータ1台の購入に縛られなくなり、かわりに必要に応じてアップグレードができるようになりました。この「拡張性」のおかげで、企業は最初のコンピュータを購入できるようになり、IBM360の人気で、新しいコンピュータが世界中で後押しされたのです。

この時代の影響

　1950年代と60年代にはコンピュータ・サイエンスを推進する2つの勢力がありました。資金力を生かして大規模な研究プロジェクトに資金を投入したアメリカ軍と、コンピュータの大量生産および一般への普及を後押しした商業市場です。コンピュータは学校や研究所、企業などで使われてはいましたが、それでもまだ一般人には手の届かないものでした。物理的に巨大で高価なコンピュータは、訓練を受けた白衣の専門家だけが取り扱えるものでした。コンピュータをプログラミングする人達ですら、空調で冷えた部屋に保管されたメインフレームに触れることを許されませんでした。それにもかかわらず、コンピュータは大衆文化の一部となり、回転するテープとダイヤルの列を備えた「電子頭脳」は、文学や映画、そしていつか自分のマシンがほしいと夢見る新世代の「コンピュータ・オタク」たちに、インスピレーションを与え始めていました。

最初の集積回路、またの名を
コンピュータチップ（1958年）

約1.1センチ

ゲルマニウム製

ガラスが物質を挟み込んでいる

1961年にロバート・ノイスが初のIC特許を取得

シリコン製

当初、トランジスタはラジオや電話の増幅器から（もちろん）コンピュータに至るまで、あらゆる機器に用いられていました。コンピュータの回路は、手先の器用な人がピンセットを使い、トランジスタと他の電子部品を配して作られました。コンピュータがかさばって速度も遅かったのは、トランジスタや部品と部品のあいだに電流が流れなければならなかったからでした。もっと良い方法があるはずでした！

1950年代に科学者やエンジニアたちが、それぞれ独自にこの問題に取り組みました。テキサスインスツルメンツ社の電気技師ジャック・キルビーは、ゲルマニウムという半導体材料でできた切片の上に回路全体をエッチングできることに気づきました。1958年にキルビーは、「集積回路」（IC）のデモンストレーションに成功します。一方、フェアチャイルド・セミコンダクター社の共同創業者ロバート・ノイスも別のICを発明し、1959年に完成させました。こちらはシリコンでできていて、外部配線はなく、代わりに銅のコネクタが使われていました。キルビーとノイスの両方が、ICの発明者として知られています。集積回路のおかげで、小さなスペースに多くのトランジスタを詰め込めるようになりました。この技術によって、コンピュータは部屋ほどの大きさから、ポケットサイズになったのです。

ビデオゲーム『スペースウォー！』（1962年）

『スペースウォー！』は十分なパワーさえあれば、どのマシンでもプログラムできたので、アメリカじゅうの大学のコンピュータでみかけられた。

『スペースウォー！』の背景には天文学的に正しい星図が使われていた

ゲーム内の船や機雷の動きは、実際の物理学に基づいた重力の影響を受けている

機雷を発射せよ！『スペースウォー！』の時間だ！　PDPシリーズのようなミニコンピュータはメインフレームよりも小さく安価だったので、研究所や大学で人気を博しました。安い大衆向けSF小説に触発されたスティーブ・ラッセルと鉄道模型クラブのメンバーたちは、PDP-1コンピュータで何ができるかを披露するためにこのビデオゲームをデザインしました。

『スペースウォー！』は最初の多人数参加型ビデオゲームの一つです。2隻の宇宙船が対峙して、互いに撃ち合います。PDP-1は、ニュートン力学にしたがって船を動かし発砲させるのに、毎秒9万回以上の計算を行ってユーザー入力を処理しました。『スペースウォー！』は1962年にマサチューセッツ工科大学（MIT）で登場し、最初のアーケードゲームに影響を与えることになりました。

アポロ誘導
コンピュータ

集積
回路

ディスプレイ・
キーボード
（DSKY）
インターフェース

UPLINK ACTY   TEMP
AUTO   GIMBAL LOCK
HOLD   PROG
FREE   RESTART
NO ATT   TRACKER
STBY
KEY REL   OPR ERR

アポロ・
コマンド
モジュール

アポロ誘導コンピュータ（1966年）

　AGC（アポロ誘導コンピュータ）は宇宙飛行士が安全に月に航行できるようにするために作られました。宇宙飛行士が飛行中に測定した地球・月・星の位置をもとに、宇宙船の軌道を計算し、宇宙船の誘導システムや数多くのスラスターと通信を行うというものでした。NASAは、アポロ宇宙船に搭載できるくらい小型で、宇宙飛行中の振動や放射線、極端な温度変化に耐えられる信頼性の高いコンピュータを作らなければなりませんでした。

　AGCは、最新で（とても高価な）ICという技術を用いた最初のコンピュータの一つでした。ソフトウェアエンジニアのマーガレット・ハミルトン率いる、マサチューセッツ工科大学計装

研究所の350人のチームがAGCのプログラミングを担当しました。AGCにはコアロープメモリが用いられました。これは、女性工員の手で編まれたことから「リトル・オールド・レディ・メモリ」と呼ばれました。宇宙飛行士はDSKYと呼ばれる数値ディスプレイとキーボードを使ってAGCとの通信をおこないました。1968年にAGCはアポロ8号の宇宙飛行士たちを月面に誘導することに成功し、大きな技術的偉業を成し遂げました。AGCは当時最先端のコンピュータの一つでしたが、その演算能力は1985年の任天堂NESコンソールとほぼ同じでした。

影響力のあった人々

グレース・ホッパー（1906-1992）

アメリカ海軍准将だったホッパーは「コンピュータ・プログラミングの母」として知られている

「もっとも有害なセリフとは『私たちはいつもこのやり方でやってきた』です」

彼女は第二次世界大戦中に海軍に入隊し、ハワード・エイケンの副官となった彼女はハーバード・マークⅠのプログラミングに欠かせない存在だった

戦後は、1949年にUNIVACのプログラミングを担当する上級数学者となり、最初のコンパイラの作成（1952年）や、プログラミング言語Flow-Maticの開発（1955年）を行うチームを率いた

ホッパーは1959年に、コンピュータ言語COBOLを開発するプロジェクトの技術顧問を務めた。

ロバート・ノイス（1927-1990）とゴードン・ムーア（1929-）

「イノベーションがすべてです。先陣を切っていれば、次のイノベーションが何かが見えてきます。後手に回ると、追いつくので精一杯になってしまいます」

ノイスはICの発明者の一人

フェアチャイルド・セミコンダクター社（1957年）とインテル社（1968年）の共同創業者

アイヴァン・サザランド（1938-）

「デジタルコンピュータに接続したディスプレイは、物理的な世界では実現できない概念に親しむ機会を与えてくれます。それは数学のワンダーランドを映す鏡なのです」

1963年にスケッチパッドを発明した。これはGUI（グラフィカル・ユーザー・インターフェース）を用いた初のプログラムの一つ

ユーザーはライトペンを使ってスクリーン上で描画し、幾何学的な図形や文字を整理することができた。現代の3D描画プログラムの祖先にあたる。動作中の機械のシミュレーションもできた！

スケッチパッドは、エンゲルバートのオンラインシステムや、その後の数多くのプログラムに影響を与えた！

盛田昭夫（1921-1999）と井深大（1908-1997）

日本の企業SONY（ソニー）の創業者

1950年代にSONYは初めて非軍事用にトランジスタを利用した企業の一つだった。

SONYはオーディオ機器、テレビ、ビジュアルディスプレイなどさまざまな分野で標準を打ち立て、コンピュータの歴史で大きな役割を果たすことになる！

「世界のあらゆる大問題で
鍵となるのは、それに集団で
対処しなければならない
ということです。
もし私たちが集団として
賢くならなければ、私たちは
破滅してしまうことになります」

「コンピュータ科学やソフトウェア
エンジニアリングは、
教えるべき科目（あるいは名前を付けるべき学問）
には、まだなっていませんでした。
開拓期だったのです」

ダグラス・エンゲルバート (1925-2013)

　ダグラス・エンゲルバートは、コンピュータが共同作業のための強力なツールになると考えていました。彼はヴァネヴァー・ブッシュによる1945年の画期的論文「われわれが考えるかのように」を読み、多くの人が心の能力を拡張するツールにアクセスできれば、人類全体が集団として飛躍できるとひらめいたのです。

　カリフォルニア大学バークレー校で電気工学の博士号を取得した後、エンゲルバートはSRI（スタンフォード研究所）でコンピューティングの最先端プロジェクトに取り組みました。NASAとARPA（高等研究計画局）の資金を得て、エンゲルバートはアメリカの集団的知性を高めるという大まかな指針のもと、研究者チームを率いました。アポロ計画と同じように、こういった大規模で資金の豊富な科学プロジェクトは広範囲に影響を及ぼし、その技術の一部は最終的に一般市民の手に渡ることになりました。

　コンピュータユーザーがプログラムの出力を何日も待たねばならなかった「バッチ処理」の時代に、彼はグラフィカル環境の中でユーザー同士がリアルタイムに協働して作業することを思い描きました。エンゲルバートのチームは1968年に、長年にわたるプロジェクトをジャーナリストたちの前で披露し、それは後に「あらゆる実演の母」と呼ばれるようになりました。コンピュータ画面を大きく投影して、NLS（オンラインシステム）のデモを行ったのです。ウィンドウとグラフィクスのインターフェースのなかで、彼は数マイル離れたところにいる同僚とビデオ会議を行い、共同で文書を作製してみせました。どちらも、ポインタデバイスである史上初の「マウス」を用いていました。聴衆たちは未来を垣間見ていることに気づいて、驚きの声を上げました。

　NLSは商品化こそされませんでしたが、設計者の多くはゼロックスPARC（パロアルト研究所）で働き、このアイディアを発展させていきました。NLSはユーザーの知性を増強し向上させるとともに、人類最大の問題を解決するのに人々が協働できるように設計されていました。エンゲルバートの描いた対話性と協働性は、多くの点で、今もなお取り組まれている青写真です。

マーガレット・ハミルトン (1936-)

　月に行くというアポロ計画のミッションは、マーガレット・ハミルトンの仕事にかかっていました。SAGEに取り組んだ後、ハミルトンはMITリンカーン研究所のソフトウェアエンジニアリング部門の責任者になりました。24歳でシングルマザーとして働きながら、ハミルトンはAGCのソフトウェアを開発するチームを率いたのです。ハミルトンは「ソフトウェアエンジニア」という呼称を生み出し、それを学問分野として定義するのに貢献しました。

　AGCのソフトウェアは、宇宙飛行士を月へと誘導するために不可欠なものでした。チームはAGCがエラー検出と回復をリアルタイムで実行するためのプログラムも作成しました。これが結果的に生命を救うことになりました。アポロ11号で宇宙飛行士たちが月面に着陸しようとする3分前に、月着陸船の警報が鳴ったのです。赤と黄色のライトが点滅して、コンピュータがオーバーロードしていることを宇宙飛行士たちに知らせました。レーダーシステムと着陸システムを同時に実行するには、処理能力が足りなかったのでした。ハミルトンとチームはこの可能性を鑑みて、仕事を順序ではなく重要度に応じて優先順位をつけるようにソフトウェアをプログラミングしていました。宇宙飛行士がたんに「ゴー」を押すだけで、コンピュータは何の問題もなく着陸シークエンスを開始したのでした。

　ハミルトンはその後、スカイラブ宇宙ステーションのソフトウェアに携わり、1976年にはハイヤーオーダーソフトウェア社を共同創業しました。2003年にはNASAエクセプショナル・スペース・アクト賞を、2016年には大統領自由勲章を受章しています。ハミルトンはソフトウェアエンジニアリングの創始者として知られています。

インテル
マイクロプロセッサ4004
1971年

C4004

アルテア
Altair8800
1974年

ALTAIR 8800 COMPUTER

ワング2200
ミニコンピュータ
1973年

WANG

アップル
AppleII　1977年

ゼロックス
アルト
Alto
1973年

PET

コモドールPET 2001 1977年
ペット

パーソナル コンピュータ

1970年～1979年

PC革命(かくめい)

　1960年代の終わりには多くの人々が、コンピュータは1968年の映画(えいが)『2001年宇宙(うちゅう)の旅』に登場するHAL(ハル)9000のように自我(じが)を持ち高度に発展(はってん)していくものだと想像していました。しかし実際には、平均的な人がコンピュータと接点をもつのは、遠く離(はな)れた政府の建物のなかのメインフレームコンピュータで税金の処理(しょり)をするという程度でした。1960年代にIC技術が進歩すると、コンピュータを小型化できるようになりました。数多くの大学、科学研究所、洗練(せんれん)されたオフィスで「ミニ」コンピュータにアクセスできるようになったのです。こういった「小さな」デバイスは大型冷蔵庫(れいぞうこ)ほどの大きさで、広い床(ゆか)面積を必要とする巨大(きょだい)なメインフレームコンピュータと同じような計算能力の多くを備えていました。

　たくさんの若者(わかもの)がミニコンピュータの小ささに触発(しょくはつ)され、さらに小さな「マイクロ」コンピュータを作ろうと考えました。もとは大企業(だいきぎょう)や戦争のために作られた、生々しく神秘的(しんぴてき)な力をもつ機械を自宅(じたく)に置くことができたら、どんな可能性があるでしょうか？　もし自分のコンピュータを気まぐれにプログラムできるとすればどうでしょう？　コンピュータにまじめな、あるいはばかげた、どのような仕事をさせることができるでしょうか？　こういった可能性は、1960年代後半には手の届(とど)かないものに思われていましたが、ティーンエイジャーたちのなかには夜通し未来の夢を見続けていた者もいました。こういった若い技術オタクたちは、パーソナルコンピュータという急進的なアイディアに触発されて成長し、1970年代には技術革命を引き起こすことになります。

歴史年表 TIMELINE

移植性の高い最初の
オペレーティングシステムだと
考えられている。
UNIXの亜種は、アップル社
MacOSやiPhoneに
採用されることになった

`1971`

`1970` デスクトップコンピュータ

データポイント2200など、かなり
大きなタイプライターほどのサイズ
のコンピュータが発売されましたが、
これらは大規模な政府や企業しか買え
ない値段でした。こういった機器は主に大型の
メインフレームコンピュータとのやりとりに用いられました。

UNIX プログラマのマニュアルが出版される

1969年、プログラマのケネス・トンプソンとデニス・リッチ
ーは、ベル研究所で働きながらUNIXオペレーティングシ
ステムを開発しました。UNIXオペレーティングシステムは、
エンジニアや科学者のあいだで人気となり、数多くのオペ
レーティングシステムの基礎となりました。

電話線でSDS940タイムシェアリング
システムに接続

カッコいい!
レコード屋に
コンピュータが!

Community Memory

COMMUNITY MEMORY

`1973` コミュニティメモリ

カリフォルニア州バークレーに住む地域活動家のグループが、ベイエリアのコーヒーショップや
レコード屋にコンピュータ端末を設置しました。人々は、このシステムを介してメッセージを送
受信できることに興奮し、バーチャルな会合場所として利用しました。

「1977年の三位一体(トリニティ)」

コモドール
PET 2001

Apple II

`1977`

TRS-80

PET

パーソナルコンピュータ・ブーム

大企業は、技術者でない人々を対象にしたデバイスで、パーソナルコンピュータ市場に参入しました。コ
モドール社、アップル社、レイディオシャック社は、箱から出してすぐ使える小さなコンピュータを作りました!

1971

インテル4004マイクロプロセッサ

商業的に成功した最初のマイクロプロセッサです。これで、コンピュータの「頭脳」が一つの小さなマイクロチップのなかに完全に収まるようになりました。

1973

マイクロプロセッサを搭載した最初のコンピュータ

フランソワ・ジェルネルがフランスで設計したミクラルN。気象観測所やポンプの制御に用いるために作られた小型コンピュータでした。

1975

「ガンファイト」

ビデオゲーム用のマイクロプロセッサとは？ インテル8080はミッドウェイのアーケードゲーム『ガンファイト』に採用されました。

マイケル・シュレイヤー

1976 エレクトリック・ペンシル

タイプライターにはデリートボタンがありませんが、コンピュータにはあります！ コンピュータをいじるのが好きなマイケル・シュレイヤーは、マイクロコンピュータ用の最初のワードプロセッサ「エレクトリック・ペンシル」を作製し、コンピュータで本を書けるようにしました。

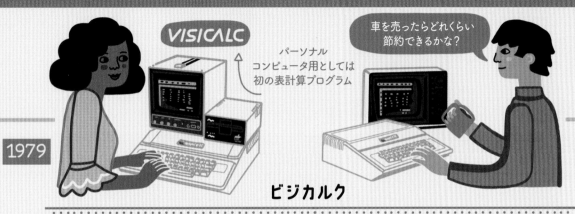

パーソナルコンピュータ用としては初の表計算プログラム

車を売ったらどれくらい節約できるかな？

1979

ビジカルク

Apple II用の表計算ソフトウェアであるビジカルクのおかげで、パーソナルコンピュータで本格的な仕事が可能になりました。表計算ソフトのためだけに、企業はパーソナルコンピュータを買い求めました。

ミニからマイクロへ

1970年代の初頭、大学や研究所ではミニコンピュータが大流行していました。大学生やデータ入力のスペシャリスト（その多くは女性でした）は仕事の一環としてミニコンピュータによく触れるようにはなったのですが、そういったコンピュータにアクセスする時間は厳しく制限されていました。新しいミニコンピュータは刺激的で、プログラムを書いたりコンピュータの新しい使い方を考えたりするためのインスピレーションをたくさんの人に与えました。一部の裕福な高校では、ミニコンピュータでコンピュータをコーディングするという授業も行われていました。マイクロソフト社の共同創業者であるビル・ゲイツとポール・アレンは、10代の頃にそうやってコンピュータに出会ったのです。しかし、数千ドルもするミニコンピュータはいまだ組織向けのもので、個人や家庭向けのものではありませんでした。

マイクロコンピュータ、あるいは「パーソナルコンピュータ」は、大型のメインフレームとは異なる系譜をたどっています。1970年代初頭、IBMやHP（ヒューレット・パッカード社）のような大手のコンピュータ企業は、その気になれば一般向けの小型コンピュータを簡単に作れました。しかし、こういった企業はそれどころか、誰も自分の家にコンピュータを置きたがらないと考えていたのです！ このような冷淡な態度に対抗して、カリフォルニア州メンロパークの近くに、変人や学者といったはぐれ者たちが集まり、最初のパーソナルコンピュータのいくつかを作製しようとしました。

ホームブリュー（自作）・コンピュータ・クラブというこのグループは、その後コンピュータのパイオニアになる人たちを惹きつけました。彼らは政府プロジェクトやIBMにいる白衣を着た人たちとはほど遠く、電気工作愛好家、テレタイプハッカー、そしてヒッピーのなかでもオタクな人たちでした。この自由奔放なグループは、普通の人たちがコンピュータの力に触れられるようにしたいと望んでいました。

グループのオリジナルメンバーの一人がリー・フェルゼンスタインでした。彼は「コンピュータ解放運動」の熱烈な支持者で、コミュニティメモリの開発に何年も携わっていました。彼は長い棒を手に、騒々しい会議で司会をして、メンバーたちは興奮しながらアイディアやスペアの部品、設計などを出しあいました。皆は協力して、小さなコンピュータに似たものを作ろうとしたのです。

ユタ・ティーポットは1975年に作成された有名なコンピュータグラフィクスモデル。ベジェ曲線を使った最初のモデルだった。

Altair 8800 は「スタートレック」に登場する惑星の名前に由来すると多くの人が考えている。アルテアは本物の星の名前でもある。

ジェリー・ローソンは、最初のカートリッジ式ビデオゲームである、フェアチャイルド・チャンネル（1976年）を発明した。

ホームブリュー・コンピュータ・クラブ

クラブのモットーは「与えることで他の人を助けよう」。

すごい！

アップル社の共同創業者スティーブ・ウォズニアックとスティーブ・ジョブズは、たくさんの熱心なメンバーのなかにいた。

もともとの創設者はゴードン・フレンチとフレッド・ムーア。

彼らの最初のミーティングはフレンチのガレージで行われた。後に彼らはスタンフォード大学医学部の空き部屋を使うようになった。

リー・フェルゼンスタイン

クラブのニュースレターと毎月の例会でメンバーはアイディアを交換し、これがパーソナルコンピュータ革命を可能にした。

ハイトン！

Altair 8800 （アルテア）

1975年、コンピュータの世界の中心がカリフォルニア州のベイエリアからニューメキシコ州アルバカーキに移った瞬間がありました。そこで、以前アメリカ空軍の電気技師だったエド・ロバーツが、ロケット模型愛好者向け電子工作キットを設計する会社としてMITS社を設立したのです。1960年代から70年代は、工作愛好者文化の最盛期でした。安価でグローバルな製造業は存在せず、人々は雑誌に掲載された設計図から機器を作っていたのです。ハイファイステレオやテレビ、自動車までもが自宅で製作されました！マイクロコンピュータはそういったDIY文化にぴったりとはまりました。

インテル社が当時新しかった8080マイクロプロセッサを値引きしたときに、ロバーツはこのチップを大量に買い込み、それを使ったマイクロコンピュータを設計して、Altair 8800と名付けました。キーボードもモニターもなく、ユーザーがボタンを上下に動かしてバイナリのデータを入力するというだけのものでした。点滅するライトがプログラムの結果を示します。バグだらけでわかりにくい小さい箱ではありましたが、この機械は『ポピュラー・エレクトロニクス』誌の表紙を飾り、技術オタクたちはそれに夢中になりました！

問題は、Altairは使いやすいコンピュータ言語なしでは実際には何もできないということでした。ポール・アレンとビル・ゲイツはBASICのようなよく知られた言語

ビル・ゲイツ
ポール・アレン
R Altair 8800

をアルテアで実行させられれば、家庭用コンピュータで動くソフトウェアの可能性が無限に広がることを理解していました。二人はインテル8080のシミュレータに取り組み、Altairで動く小さいバージョンのBASICを書き上げました。1975年3月、彼らはMITS社で自分たちのソフトウェアを発表するミーティングを開くことにしました。その道中で、アレンはAltairにBASICを読み込ませる「ブート」プログラムを書き忘れていたことに気がつきました。彼はフライト中に必死で紙切れの上に「ブートローダー」を書き、うまく動くよう祈りました。ミーティングでは、ソフトウェアは完璧に動作し、MITS社はそれを買い取ったのです！　同じ年にアレンとゲイツは共同でソフトウェア会社を創業しました。アレンが提案したのは、マイクロ・コンピュータ・ソフトウェアの略である「マイクロ・ソフト」という社名でした。

Altair BASICを使えば、自分の小さなコンピュータで、ミニコンピュータやメインフレームのために書かれたプログラムの翻訳を作れるのです。すごいですよね！

最初のコンピュータ・ワームは「クリーパー」だった。

うーん

1971年にARPAネット上のコンピュータに感染した無害なクリーパーは「私はクリーパー。できるものなら捕まえてみろ！」という表示を出した。

最初のビデオアーケードゲームは『コンピュータ・スペース』（1971年）。

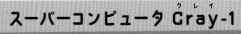

スーパーコンピュータ Cray-1 （クレイ）

「ビッグサイエンス」は多くのハイテクコンピュータプロジェクトの原動力になった。シーモア・クレイは1972年にクレイ・リサーチ社を設立した。その象徴であるCray-1は1976年にロスアラモス国立研究所に設置された。

価格は800万ドルで、核兵器の性能をシミュレートしたり、天気予報を支援したりするのに用いられた。現在もそのプログラムの多くが機密扱いになっている。

クレイ・リサーチ社はスーパーコンピュータの主要メーカーの一つとなった。

「世界でもっとも高価なラブシート」という愛称で呼ばれていた

上からみた図

↑
Cの形をしているので配線が短く、計算も高速化された

FLOWER

Speak Spell

1978年にテキサスインスツルメンツ社が出したおもちゃ「スピーク＆スペル」は、線形予測符号化を用いて「声」を作り出した。

家電としてのコンピュータとアップル社

1970年代半ばから終わり頃に、数十社もの家庭用コンピュータ会社がキットを発売しました。こういったキットでコンピュータを組み立てるには、はんだごてを使って何時間も繊細な作業をしなければなりません。組み立てた後には、ユーザーがプログラムをする必要があります。多くの人にとって、これは不便で難しいことでした。

1975年にスティーブ・ウォズニアックは、ホームブリュー・コンピュータ・クラブで初期のパーソナルコンピュータに出会いました。Altair 8800に夢中になった彼は、もっといいものが作れると考えて、「Apple」という名前のエレガントなオールインワンコンピュータを設計しました。Apple Ⅰは、1枚のシリコンボードに収まった完全なコンピュータでした。組立の必要はありません！キーボードとテレビにつなぎさえすればよく、電源を入れるたびにカセットテープからプログラミング言語を読み込みました。ゼロから作る扱いにくいキットからの大きな進歩でした。1976年にウォズニアックは、友人のスティーブ・ジョブズとともに、アップルコンピュータ社を設立しました。Apple Ⅰは666.66ドルで、カリフォルニア州マウンテンビューのショップで初めて販売されました。

この小さなアップルコンピュータが、ベンチャーキャピタリストのマイク・マークラの目にとまりました。1977年にアップル社は、マークラの指導のもと、後継機であるApple Ⅱを製造する資金を得ました。Apple Ⅱはなめらかなプラスチックケースに入っていて、BASIC が ROM チップにプリロードされており、他の家電と同じように電源を入れればすぐに使えるようになっていました。家庭用オールインワンコンピュータを作った企業はアップル社が初めてではありませんが、Apple Ⅱは1970年代において、もっとも技術的に進んでいて実用的な家庭用コンピュータでした。

Apple Ⅰ

$666.66

小さなコンピュータが大きなビジネスに

1977年にはレイディオシャック社のTRS-80、コモドール社のPET 2001、Apple Ⅱといった、競合するパーソナルコンピュータがいくつも販売されるようになりました。最初の数年は、パーソナルコンピュータではゲームをしたり音を出したりする以上のことはできず、多くの人はこれを短い流行だとしか思っていませんでした。1979年にApple Ⅱの最初のキラーアプリであるビジカルクが登場すると、状況は完全に変わりました。このソフトウェアは非常に魅力的で、これを使うためだけにコンピュータを買う人もいるほどだったのです。ダン・ブルックリンとボブ・フランクストンが書いたビジカルクは表計算プログラムで、ユーザーは表にさまざまな値を入力し、式に応じて値をリアルタイムで変えることができました。紙の上で何時間もかかっていたものが、あっという間にできるようになったのです！表計算プログラムのおかげでパーソナルコンピュータは一夜にして本格的なビジネスとなり、金融機関はデスクの上に置こうと買い急ぐようになりました。こうして、アップル社やコモドール社といった小さなコンピュータ会社の多くは、すぐに利益を上げるようになりました。

スティーブ・ウォズニアック　スティーブ・ジョブズ

1977年のアップル社ロゴ

Apple Ⅱ

APPLE COMPUTER CO.

アップル社の最初のロゴマークは、アイザック・ニュートンによる重力の発見をモチーフとしたもの。

FUTUREWORLD

ハリウッド映画で初めてコンピュータアニメーションを用いたのは『未来世界』（1976年）。エドウィン・キャットマルの手と顔のモデルが使用された。

1975年にスティーブン・サッソンが最初のデジタルカメラを発明。

カセットテープに写真を記録していた

ゼロックスPARCと「未来のオフィス」

1970年代、プリンタ会社ゼロックスはPARC（パロアルト研究所）を設立した。PARCでの発明には時代を先取りしたものが数多くあったが、1980年代まで世に出ることはなかった。ここではゼロックスPARCから生まれた発明のいくつかを紹介する。

ビーンバッグチェアに座ったゼロックスPARCの従業員が協働しているところ

携帯電話での通話は1973年にモトローラ社の試作機で行われたのが最初。

レーザー印刷 1971年

乾式複写法のコピー機ドラムに電子画像をビットマッピングした

Alto 1973年

ゼロックスの初期のパーソナルコンピュータ

「ジョエル、マーティです。いま携帯電話からかけているんですよ。手で操作して持ち運べる本物の携帯電話です」

デスクトップメタファーとグラフィカル・ユーザー・インターフェース（GUI）

見たままのものを出力（WYSIWYG）
1974年

画面上に見えている通りに印刷された書類

イーサーネット 1973年

同軸ケーブルでコンピュータをネットワーク化し、ワークステーションとプリンタの両方をつないだ

モトローラ社のマーティン・クーパーがベル研究所のライバルに電話をかけているところ

この時代の影響

1970年代の終わりには、パーソナルコンピュータは100年前からのタイプライターに代わってオフィスに備え付けられることが多くなりました。市場には、互換性のないさまざまな競合する機種のパーソナルコンピュータがたくさんありました。正式なビジネストレーニングを受けたわけでもない多くの人々が率いる、創造的で混沌とした時代でした。しかし、こういった人たちにはコンピュータへの純粋な情熱がありました。HP社やIBMのような大企業が1980年代までパーソナルコンピュータにまったく参入していなかったために、非常に未来的な発想が生まれたのです。

1978年にタイトーから発売された代表的アーケードゲーム『スペースインベーダー』

重要な発明 IMPORTANT INVENTIONS

マイクロプロセッサの登場（1971年）

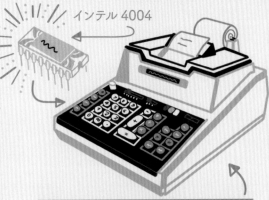
インテル 4004

　こんにち、マイクロプロセッサはほとんどの機器に搭載されています。以前は、計算機やタイマーのような異なる機器にはそれぞれ専用のコンピュータチップが必要で、それらは特定のタスクしかこなせませんでした。1970年にインテル社はフェデリコ・ファジンを雇い、さまざまな機器にむけて再プログラムできるICチップを設計させて、時間とお金を節約しました。ファジンは論理設計で嶋正利の助けを借り、インテル4004のアーキテクチャを考案しました。二人は、異なるコードでプログラムすればさまざまなチップの仕事ができるチップを作り出しました。

　マイクロプロセッサは汎用です。芝生のスプリンクラーも、ピンボールマシン制御も、プログラミング言語BASICを動かすのも、マイクロプロセッサにとっては同じなのです！　最初のマイクロプロセッサはコンピュータ用ではありませんでしたが、愛好家たちはこれをハッキングして最初の家庭用コンピュータを作り上げました。

最初のマイクロプロセッサは計算機や時計用に作られたもので、日本の企業であるビジコン社がプリンタつき計算機に使用した

フロッピーディスク（1971年）

　フロッピーディスクが登場する前には、プログラマはパンチカードや巨大な磁気テープのロール、何十メートルものパンチ紙を使ってソフトウェアを作らねばなりませんでしたが、いずれも簡単には管理できませんでした。1971年にIBMがワードプロセシングマシン用に最初の磁気フロッピーディスクを発売しましたが、フロッピーが本格的に普及したのはAppleⅡと組み合わせられてからのことでした。ディスクは郵送できるほど小さく、ビジカルクなど、新しいパーソナルコンピュータで動作するプログラムに必要なデータを安全に運ぶことができました。ソフトウェアは世界中に発送できるようになり、プログラマは自宅で会社を立ち上げるようになりました。フロッピーはソフトウェアを配布する安価な方法として、1990年代まで使われ続けました。

やった！新しいソフトウェアが来た。

フロッピーは海賊版になりやすかった。1992年にソフトウェア出版社協会は「フロッピーをコピーしないで！」というラップソングをつかった公共広告を作成した

↓8インチフロッピー↑
5 1/4インチフロッピー
3 1/2インチフロッピー

レイ・トムリンソンは
電子メールの
プロトコルに、
有名な@記号を
選んだ

ARPAネット

ARPAネットではまだ多くの人が
テレタイプを使っていた

ネットワークメール

　電子メールがネットワーク化される前には、タイムシェアリングシステム内でメッセージの送受信をすることができました。しかし、このプログラムは1台のコンピュータに限定されていて、ユーザーはシステム上のほかのユーザー（多くの場合は同じオフィスフロア内にいるユーザーのみ）としかメッセージを共有できませんでした。1971年にレイ・トムリンソンというエンジニアが、ネットワークに接続されたコンピュータのあいだでファイルを送信するCPYNETというプログラムを作成しました。彼はすぐに、メッセージも送れるということに気づきました。これが、当時ARPAネットとして知られる初期のインターネットの最初のアプリとなりました。2年後には、ARPAネット上のトラフィックの50パーセント以上が電子メールになりました！

あ、
スパムが
きた！

最初の電子スパムメールは
1978年に送信されたもの。
新しいコンピュータの
デモを行うイベントの
広告だった。
100人以上の
ARPAネットユーザーが
このメールを受け取り、
その多くが
メールを迷惑に思った

影響力のあった人々

ゼロックスPARCに勤務し、パーソナルコンピュータの未来を描くのに貢献した

「未来を予測するもっともよい方法は、それを発明することです」

彼の仕事は、あらゆるタブレット機器の未来のデザインに直接影響を与えた

ビル・ゲイツとマイクロソフトを共同で創業した

ケイは気候変動に着目し、エレン・マッカーサー財団で活動している

1975年にAltair 8800のためのBASICを書いた

「言語は進化し、アイディアは融合します。コンピュータテクノロジーでは、私たちはみな他の人の肩の上に立っているのです」

アラン・ケイ (1940-)

ケイは子どもたちの教育用に、小型で持ち運びできるコンピュータ「ダイナブック」のコンセプトを生み出した

ポール・アレン (1953-2018)

1980年代にマイクロソフトのソフトウェアをあらゆるIBM PCに搭載するよう交渉した後、アレンはコンピュータの世界を離れ、さまざまなことに関心を向けた

ギターの名手、ヨットのキャプテン、学芸員、NFLとNBAのチームのオーナーでもあった

「成功とは、天賦の才というよりも、一貫した常識によるものです」

アン・ワング (1920-1990)

コアメモリを発明し、1960年代のメインフレームコンピュータに使用された。

リー・フェルゼンスタイン (1945-)

彼はコミュニティメモリプロジェクトの開発を助けた。またホームブリュー・コンピュータ・クラブの主要メンバーだった。

中国に生まれ、1945年にアメリカに移住し、ハーバード大学で物理学と工学の博士号を取得した

1951年にワング・ラボラトリーズを創業。ワング・ラボは、1970年代から1980年代にもっともよく売れたワードプロセッサ、計算機、オフィス用コンピュータなどを世に送り出した

「ルールを変えるには、ツールを変えなさい」

ペニーホイッスルモデムを設計し、初期のマイクロコンピュータSOL-20（1976年）の設計にも携わった

フェデリコ・ファジン ●●●(1941-)●●●

イタリアに生まれたファジンは1968年に渡米し、フェアチャイルド・セミコンダクター社で働いた。2年後、インテルのために初のマイクロプロセッサを発明した

1974年にザイログ社を共同創業し、Z80マイクロプロセッサ（史上もっとも成功した8ビットマイクロプロセッサの一つ）を開発した。

1986年にシナプティクス社を共同創業し、新しいタッチパッドを開発

アダム・オズボーンとともにオズボーン・コンピュータ社を共同創業し、オズボーンⅠ（1981年）を設計した。これは初のポータブルコンピュータだと考えられている——重さは約11キロもあったが！

「（インテル4004は）誰が見ても非常に原始的なコンピュータでしたが、誰とも共有する必要のない自分だけのパーソナルコンピュータの可能性を予見したものでした」

ゲイリー・キルドール (1942-1994)

1971年にインテル社が最初のマイクロプロセッサである4004を設計したとき、技術界ではマイクロプロセッサは計算機か産業用機械でしか使えないと考えられていました。ゲイリー・キルドールは、インテル社でアルバイトをしていたときに、この最初のマイクロプロセッサに出会いました。小さく複雑なチップには信じられないほどの可能性があり、機械語でプログラムするだけでなく高級コンピュータ言語も使える、とキルドールは考えました。

キルドールは、船員だった父親が「クランク」という機械装置のアイディアを説明するのを聞いて育ちました。クランクとは、まるで小さなコンピュータのように、世界中のどこにいても船の位置を計算できるというものでした。インテル4004に魅せられたキルドールは、父親のアイディアに触発されて、この小さなCPUの能力を押し上げようと考えました。彼は何度も夜更かしして、インテル4004が理解できるコンピュータ言語の翻訳を行いました。キルドールの友人たちは後に、彼がそれをほとんど遊びでやっていたと述べています。というのも、メインフレームコンピュータ用に設計された言語をデジタル腕時計用のマイクロチップで動作させるというのは、ほとんど不可能な仕事だったからです。

1973年にキルドールは、8ビットのインテル8008で動作する、マイクロプロセッサ向けの最初の高級言語PL/M（プログラミング・ランゲージ・フォー・マイクロコンピュータ）を完成させることに成功しました。彼は続いてオペレーティングシステムCP/M（コントロール・プログラム・フォー・マイクロコンピュータ）を開発し、妻のドロシーとともにデジタルリサーチ社を設立しました。マイクロプロセッサをめぐるコンピュータシステムを構築するという彼の基礎的な業績を、後のあらゆるコンピュータが踏襲していきました。

「当時、コンピュータを買えるのは大企業だけでした。つまり、大企業は中小企業や一般人ができないことをする経済的な余裕があったということですが、私たちはそれを変えようとしました！」

スティーブ・ウォズニアック (1950-)

アップル社の共同創業者スティーブ・ウォズニアックがコンピュータを作り始めたのは、楽しみのためでした！ 彼の技術者としてのキャリアは悪ふざけから始まりました。工学部の学生だった頃、彼はラジオの部品を使ってテレビ用の妨害電波発生装置を作り、大学教員たちをひそかに苦しめました。10代の頃、ウォズニアックは1960年代のミニコンピュータの技術マニュアルを読みました。最小限の部品でコンピュータを作るというアイディアに夢中になった彼は、設計図を紙に書きだしては、いつかそれが買えるようになる日のことを夢見たのです。大学卒業後にウォズニアックはHP社に就職し、計算機の設計を担当しました。暇なときには、友人のスティーブ・ジョブズとつるんでいました。

1971年に2人はブルーボックスという、無料で長距離通話ができる小型の電話ハッキング装置を売るビジネスを始めました。このブルーボックスは合法ではなかったのですが、とても楽しいものでした！ 1975年にウォズニアックはApple Iコンピュータの設計を始めました。彼はHP社に設計図を提供しようとしたのですが、相手にされませんでした。ジョブズは、パーソナルコンピュータは売れる可能性があると考えて、1976年にウォズニアックとともにアップルコンピュータ社を設立しました。

ウォズニアックはアーケードゲームが大好きで、1975年にはアタリ社のゲーム「ブレイクアウト」の回路基板を設計しました。1977年にApple IIを設計したときには、このゲームをプレイするために、数多くの画期的な機能が特別に組み込まれました。つまり、カラーグラフィックやサウンドのための回路、そしてゲーム用コントローラです。ウォズニアックは1980年代半ばまでアップル社で働き続けました。その後は、自身のさまざまな電子工学プロジェクトに取り組んだり、小学校で教えたり、教育と新しい技術のスポークスパーソンとして活動したりしています。

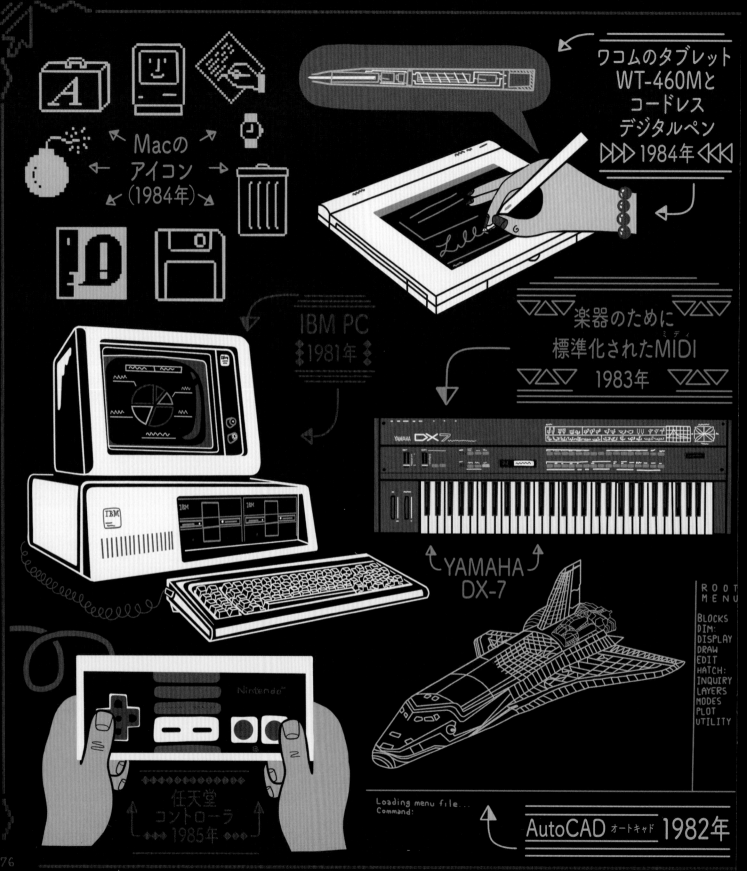

クリエイティブツール としてのコンピュータ

1980年～1989年

グラフィカル・ユーザー・インターフェースが主流に

　1970年代のパーソナルコンピュータ革命によって、人々はようやく家庭でコンピュータを購入することができるようになりました（そしてコンピュータが物理的に置ける大きさになりました）。しかし、コンピュータは依然として技術的に高度なもので、使い方を学習するにはかなりの努力が必要でした。ユーザーは何をするにも複雑なコマンドを入力しなければならなかったのです。あらゆる人がコンピュータにアクセスできるようになるには、もう一つの大きな変化が必要でした。それがGUI（グラフィカル・ユーザー・インターフェース）です。

　GUIによって、幽霊のように光る緑色の文字が並んだ暗い画面が、わかりやすく認識しやすいアイコンのある「デスクトップ」に代わりました。視覚的なアイコンをマウスでクリックすれば、誰でも簡単にコンピュータを使うことができました。1980年代に入るとGUIのビジュアルデザインはさらに進化し、商品化されて、ますます多くの人がコンピュータを購入するようになりました。スーツを着たオフィスワーカーが仕事を家に持ち帰るために、IBM PCを所有するということもあったかもしれません。グラフィックデザイナーたちは、スタイリッシュなMacintoshに夢中になりました。そして若者たち（あるいはお金のない人たち）はカラフルで安価なコモドール64を手に入れることができました。1980年代に技術は急速に進歩し、スペースシャトルでノートパソコンが使われるまでになりました。

　さらに、パーソナルコンピュータ・ブームによって、こういった機械はクリエイティブツールへと変貌を遂げました。専用のソフトウェアを使えば、新しい種類の音楽や映画、アートワークを作れるようになったのです。ほんの数十年前まで、数値を計算したりミサイルの軌道を計算したりするためだけにコンピュータが作られていたことを思えば、もはやそれをアーティストが使っているというのは驚くべきことです！　1980年代にコンピュータは成熟して、クリエイターたちにとって不可欠なツールになりました。

歴史年表 TIMELINE

1981
IBMによる初のPC

IBM
パーソナル
コンピュータ
5150

遅かったけれど無いよりはマシ！IBMがようやくPC（パーソナルコンピュータ）の価値に気づきました。

1981
商用コンピュータにGUI搭載

ゼロックス社がGUIを搭載した初の商用コンピュータである「スター」を発売しました。

3Dプリントでは、デジタルで作成した物体の「図面」を用いて、印刷材料を薄く積層していく

1984

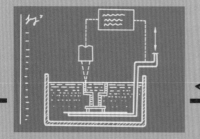

3Dプリント

「チャック」ことチャールズ・ハルは、UV（紫外線）で固まるポリマーを用いた3Dプリントを発明しました。紫外線レーザーの位置をコンピュータ制御することで、一度に一層ずつ積み重ねて、3Dの造形を作ることができます。

レーザーディスク（1978年発売）、CD、CD-ROMはいずれも、微細な穴を用いてデータを記録し、それを光センサーで読み取るというものだった。

1984
CD-ROM

CD（コンパクトディスク）は1982年にデジタルオーディオ用に導入されました。CD-ROMを使えば、ソフトウェア、ビデオゲーム、書籍といったあらゆる種類のメディアをCDに保存して、低コストで配布することができました。

1986
ピクサー

ピクサーは短編映画『ティン・トイ』で1989年に初のオスカーを受賞

コンピュータアニメーション映画で知られるピクサー・アニメーション・スタジオは、スティーブ・ジョブズがルーカスフィルム社から特殊効果グラフィクスグループを買収して設立されました。

1983

ファミコン

NESは
1985年に
発売

任天堂の8ビットビデオゲームコンソール

任天堂は1983年に日本で家庭用ゲーム機「ファミリーコンピュータ」（通称ファミコン）を発売しました。その2年後には、ファミコンはNES（任天堂エンターテインメントシステム）としてモデルチェンジして発売されました。NESはアメリカのゲーム業界を完全によみがえらせました。

舛岡富士雄

1984

フラッシュメモリ

東芝に勤務していた日本人コンピュータ科学者である舛岡富士雄は、フラッシュメモリを発明しました。1984年に彼は国際電子デバイス会議でメモリの設計についての論文を発表しました。フラッシュメモリは何度でも消去と再プログラムができる、不揮発性のメモリチップです。

1985

インターネットは
成長しつづけて
いる！

NSFネット設立

全米科学財団は、アメリカの大学にある5つのスーパーコンピュータセンターを結んでNSFネット（全米科学財団ネットワーク）を構築しました。ARPAネットの一部や、小規模な大学ネットワークもまもなくこのネットワークに加わりました。NSFネットはやがてインターネットのバックボーンとなりました。

ジェフ・
ホーキンス

タッチスクリーンと
連動する
ペンがついていた

1989

初めて成功したタブレットコンピュータ

グリッドシステムズ社が発売したグリッドパッド1900は、高価で重く（約2キログラム）、主にアメリカ軍で使われていました。設計を担当したのは、後にパームパイロットを開発するジェフ・ホーキンスでした。

1980年までに数多くのパーソナルコンピュータ会社が登場しましたが、そのなかではっきりした成功をおさめた会社はごくわずかでした。こういった新興企業の多くは、バグだらけで互換性のないコンピュータを企業に買ってもらおうとして失敗していたのです。ほとんどの企業は、IBMがパーソナルコンピュータ市場に参入するのを待っていました。IBMのような信頼できるおなじみの会社からであれば、何千ドルもする新技術を買っても大丈夫だろうと思えたからでした。

マイクロソフトとPCクローン

PC革命でIBMは完全に不意をつかれていました。IBMは遅れすぎていて、パーソナルコンピュータを作るチームを編成しなければなりませんでした。一方で、マイクロソフト社は主だった家庭用コンピュータすべてにBASICを提供して、すでに成功を収めていました。IBMはPC用のDOS（ディスクオペレーティングシステム）を求めて、マイクロソフト社にアプローチしました。マイクロソフト社は奔走し、PC DOSを何とか作り上げてIBMにライセンス供与しました。そして、IBMの競争相手にこれを販売する権利も確保したのです！

エンジニアのドン・エストリッジは、ビル・ゲイツとマイクロソフト社の意見を取り入れながらIBM PCチームを率いました。12人のコンピュータエンジニアはIBMの官僚主義から逃れ、フロリダ州ボカラトンに飛んでコンピュータを開発しました。驚いたことにIBMは、誰でも新しいコンポーネントや周辺機器を設計できる、オープンで拡張可能なシステムを備えたPCを開発しました。IBMのPCには、以前のAltairやApple IIと同じように拡張スロットがたくさんついていたのです。それまでに

IBMが作ってきたものとは違っていました。ホームブリュー・コンピュータ・クラブの愛好家たちや工作好きの人たちから直接影響を受けたコンピュータを、IBMは作ったのです！

IBM PCは1981年に発売され、2年のあいだにビジネス用のApple IIに取って代わってしまいました。しかし、IBM PCはIBMの技術だけを使うのではなく、既成のコンピュータ部品と既存のソフトウェアを使っていました。そのおかげで、他のメーカーは同じ部品を使ってIBMの「クローン」を作り、マイクロソフトからDOSのライセンスを買って、同等のコンピュータをより安く販売することができました。ビジネス界はこのIBM互換機を完全に後押しし、単にPCと呼ぶようになりました。数年のうちにIBMはコンパックやデルといった安価なクローンブランドに市場を奪われていきました。PCは「パーソナルコンピュータ」の略ですが、この言葉は単にこういったクローン製品を指すようになりました。PCにはメーカーを問わず、インテルの互換マイクロプロセッサとマイクロソフトのオペレーティングシステムが搭載されました。部品とソフトウェアのこの組み合わせは、そののち数十年にわたってパーソナルコンピュータの主流となりました。

『タイム』誌は1983年1月号の表紙に載せる「マンオブザイヤー」のかわりに、パーソナルコンピュータを「マシンオブザイヤー」として掲載した。

1980年代、日本企業は半導体産業のリーダーだった！

1981年に発売されたIBM PCには、初期のファンタジーRPG「マイクロソフト・アドベンチャー」が搭載されており、IBMの営業マンをたいへん混乱させた。

ドラゴン？

PCを見ていってください！

わあ！

コンパック

デル

PC SALE

クローンの攻撃！

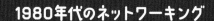

1980年代のネットワーキング

1980年代の終わりには、インターネットは16万以上のホストを持つまでに成長した。これは非商用で、アメリカ政府によって運営されていた。

NSF
ネットバックボーン
ネットワーク
(1988年7月～1989年7月)

一方、コンピュサーブやフランスのミニテルのような、小規模かつ商用の閉鎖的なプライベートネットワークも成長を続けていた

CompuServe

BBS（電子掲示板）は技術愛好家が作った小さな地域ネットワークで、彼らはお互いのコンピュータにログオンしてチャットやソフトウェアの交換を行った

「サイバースペース」という言葉は、サイバーパンクSF作家であるウィリアム・ギブスンによってよく知られるようになった。

GUI の起源（きげん）

　アップル社はコンピュータを「クール」にした会社として知られているかもしれません。1984年に発売されたMacintosh（マッキントッシュ）はデザインと機能がとびぬけていますが、それは洗練（せんれん）された直観的なGUIを備えているからです。しかし、その多くは、複写機メーカーのゼロックス社がカリフォルニア州パロアルトに設立したPARCで、数年前に開発されたものでした。この実験的集団は、コンピュータエンジニアリングのもっとも優秀（ゆうしゅう）な人材を採用していました。1970年代を通じてPARCの研究者たちは、レーザー印刷、デスクトップGUI、イーサネット・ネットワーキングといった重要な技術を発明したのです！

　1973年にPARCはAlto（アルト）という高度なミニコンピュータを開発しました。これは、ダグラス・エンゲルバートが開発した1968年のNLSのように、マウスや、ウィンドウ内でクリックできるコンピュータファイルを備えていました。AltoのGUIはアーケードゲームのようなビットマップグラフィックを用いていました。そのおかげで、ユーザーはコマンドを入力するのではなく、マウスを使ってアイコンをクリックすることができました。

　Altoの画面上のアイコンは、現実の世界に似せて作られており、これはスキュアモーフィックデザインとして知られています。つまり、電子メールのアイコンは封筒（ふうとう）のように、時刻を示すアイコンは時計（じこく）のように見える、ということです。これはたいへんなブレークスルーで、コンピュータに慣れていない人々がコンピュータを使う方法を直観的に学べるようになりました。

デスクトップメタファー

このスキュアモーフィックなGUIは、現実の世界にあるデスクの上を表現したアイコンを用いている。

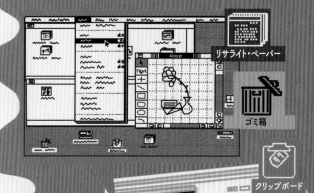

リサライト・ペーパー

ゴミ箱

クリップボード

Apple Lisaの GUI（アップル リサ）
（1983年）

　Altoはシリコンバレーで有名になりました。ジョブズとアップル社のエンジニアたちは1979年にPARCを訪れ、ウィンドウ化されたグラフィックスに感銘（かんめい）を受けました。PARCにいた人達の多くは、1980年代にはアップル社で働くことになりました。ゼロックス社とアップル社のあいだでアイディアがやりとりされたことで、消費者市場向けのGUIがさらに発展（はってん）することになりました。

パワーグローブは、ジェスチャーでビデオゲームを操作しようという初期の試み。1989年に発売されたが、うまく機能しなかった。

ヒースキット社は1984年に「家庭用ロボット」キットHERO Jr.（RT-1）を発売した。ソナーを使ったり声を聞いたりすることによって「人間のそばにとどまる」ようプログラムされていた。

最初のMac

1980年代半ば、マイクロプロセッサはGUIのサポートに十分な性能を獲得しました。1983年にアップル社は、GUIを搭載した一般消費者向けコンピュータ、Lisaを発売しました。Lisaは注目を集めたのですが、高価で（新車と同じくらい）、比較的お手頃な価格のIBM PCが主流であった市場では太刀打ちできませんでした。アップル社のスティーブ・ジョブズはあきらめず、未来的な技術を市場に持ち込んでIBMを打ち負かすことに執念を燃やしました。ジョブズはアップル社の次のコンピュータ、Macintoshに全力を注ぎ、その開発に携わっていた小さなチームをくたくたに疲弊させました。

Macは、中小企業なら買えるくらいの価格となるように設計されていることで有名でした。マウスを採用し、直観的で楽しいデスクトップGUIを用いていました。特徴的だったのは、高解像度でグレースケールの9インチ画面に、豊富な文字フォントを表示できたことです。これは、暗い画面に緑色や琥珀色の文字を表示するものだったPCの世界では画期的でした！ Macは、ゼロックスで最初に開発された、見たままのものを出力できるWYSIWYGシステムで作られていました。つまり、紙に印刷されるものと画面に表示されるものがすべて同じだ

ったのです。今でこそ簡単なことに思えますが、1980年代当時には、コンピュータから直接印刷するのは大変面倒なことでした。

1984年発売のMacは新機能にもかかわらず売れ行きが悪く、ほとんど落第とみなされるほどでした。すっかり視野の狭くなったジョブズが、収益性の高いApple ⅡではなくMacを推し進めようとしたため、アップル社は1985年に、創業以来はじめて損失を出しました。

幸いいくつかの技術が何とか間に合い、Macはデスクトップパブリッシング（DTP）ツールへと変貌しました。1985年にアップル社は、最初のデスクトップレーザープリンタの一つであるLaserWriterと、LANのためのプロトコルとハードウェアであるAppleTalkを発売しました。このおかげで企業では、製図や出版のための高価な装置のかわりに、複数のMacをレーザープリンタに単純につなぐだけでよくなりました。こうしてDTPブームが起こり、グラフィックデザインや印刷メディアへの参入障壁はかなり低くなりました。

Macは当初、「芸術系の」マシンで市場が小さいと思われていたのですが、コンピュータがクリエイターにとって不可欠なツールとなったことを証明しました。Macはさらに開発が進められ、Macのシリーズはクリエイターたちの業界標準のコンピュータとなりました。

アップル社のMacintoshを紹介した1984年のスーパーボウルでのTVCMは、ジョージ・オーウェルのディストピア小説『1984』をもとにしたものだった。

スティーブ・ジョブズは1985年にコンピュータ会社NeXTを創業した。

NeXT社の初めてのコンピュータは1988年に発売された。

Macintosh

モノクロームの9インチスクリーン

2,495ドル

Shoe Paint

スキュアモーフィック・アイコン

クリックしてドラッグし、ドロップして、ファイルを保存や移動や消去を行う！

クリック！

モトローラ68000 16ビットマイクロプロセッサ搭載

フロッピーに入ったマックライトとマックペイントが同梱

最初のMacintoshには、128KのRAMしかなかった。Macintoshはその年のうちにアップグレードされて、同時に大規模なプログラムを4つも実行することができるようになった。それがMac 512Kである（「太ったMac」というニックネームで呼ばれた）。

CGIと映画

コンピュータアニメーションは、グラフや図面を表示するために開発されました。1960年代初頭、ベル研究所ではオシロスコープで描いた絵を1コマずつ撮影して、ベクターアニメーションが作成されました。数年後には原始的なワイヤーフレームCADプログラムを用い、ルーカスフィルム社の『スターウォーズ』（1977年）やディズニーの『ブラックホール』（1979年）といった映画のアニメーションが製作されました。

現代のCGI（コンピュータ生成画像）映画は、ピクサーで始まりました。1986年にルーカスフィルム社がグラフィックスグループをスティーブ・ジョブズに売却すると、ジョブズはエドウィン・キャットマルやアルヴィ・レイ・スミスとピクサーを設立しました。キャットマルとスミスにはコンピュータエンジニアリングの経験があり、ルーカスフィルム社では商業映画では初となるカラーCGIシーケンスのいくつかを製作していました。スミスは1970年代にゼロックスPARCで、最初のコンピュータ「ペイント」プログラムに取り組んだ経験がありました。コンピュータを芸術ツールとして使うというジョブズ

『ティン・トイ』（1988年）

ピクサーの『ルクソーJr.』のワイヤーフレーム・テスト

のビジョンのもと、ピクサーはシェーディング、ライティング、粒子シミュレーションといったCGIに不可欠な技術を大幅に向上させました。1989年にはCGIを使って写真のようにリアルな場面を作れるようになりました。ピクサーは業界標準ソフトウェアであるレンダーマンを作製し、これを使った短編映画『ティン・トイ』は1989年にオスカーを受賞しました。1995年には初の長編CGI映画『トイ・ストーリー』を製作しています。CGI技術はすぐに高度化し、画像が本物かコンピュータ上で作られたのかを見分けることは難しくなりました。

この時代の影響

1980年代末、パーソナルコンピュータはもはや、数を処理するための難解な箱ではなくなり、操作するのに専門知識は要らなくなりました。手頃な価格、直観的なGUI、新種のソフトウェアが組み合わさって、コンピュータはあらゆる人のためのツールとなったのです。学校やオフィスでは、複数のコンピュータを購入できるようになりました。コンピュータを使って、仕事を家に持ち帰ったり、ゲームをしたり、音楽を作ったりすることすら当たり前になりました。コンピュータを起動してクリックすることを、人々は恐れなくなったのです！

僕の雑誌をみて！

クールなビート！

超たのしい！

マイクロソフト社のWordは、当初はマルチ・ツール・ワードと呼ばれ、1983年に発売された。

1989年にはワードプロセシングの世界標準となった。

クレイ・スーパーコンピュータは『トロン』（1982年）のグラフィックスを作るのに用いられた。

1989年に任天堂は、人気の携帯ゲーム機「ゲームボーイ」を発売。

大衆のためのコンピュータ、コモドール64（1982年）

できるよ、ちびっこコンピュータ！　コモドール64（C64）は12年間で1200万台以上という、20世紀でぶっちぎりに一番売れたコンピュータモデルです。「大容量」の64KBのメモリとカラーグラフィクスを備えたC64は、1980年代初めにはお買い得の一台でした。コモドール社の創業者であるジャック・トラミエルが徹底してコスト削減を追求したおかげで、C64は競合他社の半額ほどで販売されていました。ビデオゲーム・プラットフォームとして、おもちゃ屋さんで広く売られたため、多くの人々、とくに子どもたちが初めてプログラミングを体験するきっかけとなりました！

C64用のゲームが数千も製作された

Commodore 64

コンピュータ愛好家には今でもC64を使っている人がいる！

最初のノートパソコン（1982年）

GRiD コンパスは最初のポータブルコンピュータではなかったものの、特許を取得した「クラムシェル」デザインで、本当にポータブルな最初のコンピュータでした！　他にも、現在のノートパソコンにみられるような多くの機能がありました。マグネシウム製のケースは非常に頑丈で、コンパスは1983年にはNASAのスペースシャトル・コロンビア号に搭載され、宇宙に進出しました。このコンピュータは、NASAが自前で作るのではなく市販のものを購入してスペースシャトルに搭載した最初のデバイスとなりました。

不揮発性の磁気バブルメモリには可動部分がなかった。エレクトロルミネッセンス（EL）ディスプレイでは、太陽光の下でも画面をみることができた。宇宙飛行に最適だった！

NASAはGRiDコンパスを無重力用に少し改造し、SPOC（シャトル・ポータブル・オンボード・コンピュータ）というコードネームで呼んだ

MIDI（ミュージカル・インスツルメント・デジタル・インターフェース）（1983年）

　　1970年代にはディスコやシンセサイザー音楽が大流行しました。しかし、さまざまなシンセサイザーやドラムマシンの音を組み合わせるのは面倒な作業でした。新しい楽器や機器の奔流に対応するため、MIDIが1983年に開発されました。MIDIによって個々の音楽機器が、あたかも同じ楽譜を読んでいるロボットのバンドのように歩調を合わせて演奏できるようになったのです。家庭用コンピュータはあっという間に電子楽器の操作や作曲に使われるようになりました。Macintoshなどのコンピュータは、こうった初期のGUIベースのミュージックトラックエディタにほとんどぴったり適していました。

　　現代のDAW（デジタル・オーディオ・ワークステーション）は、

こういった初期のMIDIエディタと密接な関係にあります。1977年に、トーマス・ストッカムの会社であるサウンドストリーム社は、DAWに似たものを作りだしました。それを用いれば、PDP-11ミニコンピュータを使ってオーディオを録音して編集することができたのです。1980年代後半には、アタリSTやMacといったコンピュータと他の周辺機器とを組み合わせて、スタジオ品質の音楽を録音し、ミキシングすることができるようになりました。アナログテープ用の機器でいっぱいの部屋は、コンピュータに取って代わられました。今やだれでも自分の寝室や地下室をレコーディングスタジオにすることができるのです！

影響力のあった人々

キャットマルは
ピクサーの共同創業者で、
ハンラハンはピクサーの
最初の従業員の一人だった

彼らは
3Dコンピュータ
グラフィックにおける
業績でチューリング賞を
受賞した

梯郁太郎
(かけはしいくたろう)
(1930-2017)

日本の大阪生まれ

16歳のときにラジオ修理店を始めた。
彼のビジネスは
電子オルガンにまで広がっていた →

「音楽は羊飼いの
吹くパンパイプと
同じくらい古いが、
宇宙時代と同じくらい
新しくもある」

「真に
クリエイティブで
あるためには、
失敗するかも
しれないことを
始めなければ
なりません」

1972年にローランド社を創業。
ローランドTR-808（1980年）は
もっともよく使われたドラムマシンとなった！

エンジニアの
デイヴィッド・スミスとともに、
デジタル楽器のための標準である
MIDIを提案した。

エドウィン・キャットマル
(1945-)
と
パトリック・ハンラハン
(1954-)

彼は30年にわたって
ピクサーの社長をつとめた

彼はレンダーマン
プログラムの
リードアーキテクトだった

ジャック・トラミエル
(1928-2012)

トラミエルはホロコーストを
生き延びてアメリカに移住した。
アメリカ陸軍に参加し、
タイプライターを修理した

「私たちは
上流階級ではなく、
大衆向けに
コンピュータを
作ることにします」

1955年に
コモドール社を創業

1984年から
1996年まで
アタリ社を経営した

スーザン・ケア (1954-)

Macintoshのアイコンを作った
グラフィックデザイナー

「よいデザインとは、
どのメディアで作業をして
いるかということではなく、
自分が何をしたいのか、
何をしなければ
ならないのかを、
始める前によく考える
ということです」

彼女は、NeXT社、マイクロソフト社、
IBM、Facebook、Pinterestを
含むさまざまな企業で
グラフィックスを作成した

「ゲームはいま、この限られた箱の中の体験から、どこにでもあるものへと成長し、発展しています。インタラクティブなコンテンツは私たちの身の回りにあり、ネットワークにつながっていて、準備万端になっているのです」

宮本茂（1952-）

『スーパーマリオブラザーズ』や『ゼルダの伝説』といった人気ゲームで遊んだことがあるなら、ゲームデザイナー宮本茂の芸術性を体験したことがあるはずです。宮本の作品は、幼い頃に田舎の家で外を探検した体験に触発されたものでした。若い頃、宮本は楽器演奏や人形劇、絵画、漫画製作など、さまざまなことに関心を抱いていました。1977年に任天堂に就職し、1981年のアーケードゲーム『ドンキーコング』で最初の成功を収めました。これは、まるでマンガのように画面上で物語が展開される最初のビデオゲームでした！

1983年のニンテンドー・エンターテインメント・システム（NES）は、当時の家庭用コンピュータに匹敵する計算能力を備えていました。そのおかげで、宮本は子供時代の冒険ファンタジーを再現できる、より大きなキャンバスを手に入れたのです。1985年に彼は『スーパーマリオブラザーズ』を作り上げました。このゲームでは横スクロールでプレイヤーがさまざまな世界に行きますが、これは『テニス・フォー・ツー』（1958年）の時代から支配的だった静的なアリーナスタイルのデザインを脱却した、象徴的なゲームでした。宮本は1984年発売の『ゼルダの伝説』でそのアイディアを発展させ、広いオープンワールドをプレイヤーが自分のペースで探検できるようにしました。

宮本の作品のインパクトは、歴史上のゲームデザイナーたちのなかでも最大です。彼の作り出した世界は現在に至るまで、同時代のゲームデザイナー、ライター、ユーザーインターフェース開発者、アーティストたちに影響を与えています。

「私にとってコンピュータとは、これまでに考え出されたなかでもっともすぐれたツール、そして私たちの心にとっての自転車に相当するものです」

スティーブ・ジョブズ（1955-2011）

スティーブ・ジョブズは間違いなく、その世代ではもっとも言葉巧みなセールスマンであり、コンピュータ史の象徴です。とはいえ、彼のビジネスパートナーによれば、ジョブズは一度もコーディングを学んだことはありません。彼の最大の強みは、才能のあるデザイナーやエンジニア、アーティストたちと手を組み、彼らが革新と創造を行える環境を整えたことでした。

ジョブズはヨーロッパや日本のミニマルデザインの影響を受け、その美学をあらゆる製品シリーズに取り入れました。他のコンピュータメーカーが最終的な売り上げを重視したのに対し、クリエイティブな方向に進んだのです。彼はMacintoshをティファニー・ランプに似た大量生産の芸術品だと考え、ケースの内側にデザイナー全員のサインをエンボス加工で入れました。

Macの開発中、妥協を許さないジョブズのスタイルはアップル社内で摩擦を引き起こし、彼は1985年に退社しました。同じ年にジョブズはNeXT社を設立し、かつてのアップル社でのチームから多数の人物を引き抜きました。1年後にはジョブズはピクサーを共同創業し、オスカーを受賞して業界をリードするアニメーションスタジオとして成功するまで同社を率いました。

1997年にアップル社はジョブズをCEOとして再び雇い入れ、アップル社は破産の瀬戸際からの復活を遂げました。彼の最大の功績は、他社の不透明なアイディアや創造的な失敗を取り込み洗練させたことでした。彼はiPod（2001年）、iPhone（2007年）、iPad（2010年）の開発を監督し、ユーザー中心の設計スタイルはパソコンやスマートデバイスの普及に貢献しました。

AIM
（AOLインスタントメッセンジャー）
1997年

iPod
2001年

初のフルCGI長編映画
『トイ・ストーリー』
1995年

初期のデジタルカメラ、
コダック
DCS420
1994年

ジオシティーズ・
ウェブサイトが
始まる
1994年

パーム
パイロット
1997年

ワールド・ワイド・ウェブ

1990年〜2005年

インターネットはコンピュータをどのように変革したか？

　1990年代以前のコンピュータは道具箱のようなものでした。オフィスや「コンピュータルーム」に置かれ、特定の作業のために起動するものだったのです。たとえば、家庭用コンピュータの電源が入るのは、お母さんが税金の計算で表計算ソフトを使わなければならないときや、子どもが『オレゴン・トレイル』のようなコンピュータゲームで遊びたいときでした。その作業が終わってしまえば、コンピュータの電源はオフになり、「道具箱」は片付けられたのです。1990年の時点では、アメリカの家庭のたった15パーセントしかコンピュータを持っていませんでした。しかし、ワールド・ワイド・ウェブが誕生し、インターネットがユーザーフレンドリーなものになると、この数字は変わっていきます。はじめて、一般人がコンピュータを使ってネット「サーフィン」することができるようになったのです！

　インターネットはコンピュータをマルチメディア機器に変えました。人々はコンピュータにログオンし、ニュースを読む、ビデオを見る、友達とつながるといった（それまではオフラインだった）作業ができるようになりました。インターネットは成長し、常に更新される巨大な百科事典、グローバルな市場、コミュニケーションのハブ、これらすべてが統合されたものとなったのです。インターネットへのアクセスは必需品となり、そのために多くの家庭が初めてのコンピュータを購入しました。2000年にはアメリカの半数以上の家庭がコンピュータを所有するようになりました。

　1990年代は「インターネットの開拓時代」と呼ばれ、オンラインで一攫千金を狙う詐欺的なスキームや、ポップアップ広告、そしてまったく新しいビジネスモデルなどが登場しました。2000年代初頭には「コンテンツクリエイター」と「ユーザー」が大規模に融合し始め、ソーシャルネットワーキングサイト（SNS）のような新しいタイプのオンライン空間が生まれました。1990年代から2000年代初頭は活況と不況を繰り返した時期であり、この時代の実験や成功、そして失敗が、こんにち私たちが生きる世界を形作っているのです。

歴史年表　TIMELINE

1990 ワールド・ワイド・ウェブ

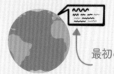

1991年に最初のウェブサイト公開

コンピュータ科学者ティム・バーナーズ＝リーが、情報科学エンジニア、ロバート・カイリューの助けを得て「ウェブ」を発明するまで、インターネットは簡単には使えませんでした。ウェブとはインターネット上で動くアプリケーションで、ハイパーテキストを用いて、公開された「ウェブ文書」どうしをリンクさせるというものです。

1991 高性能コンピューティング法

何十年ものあいだ、インターネットはアメリカ政府が運営し、商業活動は認められていませんでした。1991年、高性能コンピューティング法によってスーパーコンピューティングのさらなる発展のために6億ドルの資金が提供されました。このとき初めてインターネットにおける商業的なトラフィックが公式に許可され、それがやがてインターネットの民営化につながりました。

1993 Mosaic誕生

アメリカ議会の高性能コンピューティング法の資金を受けた

ブラウザとは、要求されたウェブページをサーバーから取得することでウェブにアクセスできるようにするソフトウェアアプリケーションのことです。Mosaicは、広く配布された最初の高水準ブラウザでした。

1995 Windows 95

Windows 95オペレーティングシステムが発売され、最初の4日間で100万セット以上が売れました。多くの人がWindows 95デスクトップにプリインストールされていたマイクロソフト社のブラウザ、Internet Explorerでインターネットを始めました。

何てこった！

ペット・ドットコムやウェブバン・ドットコムといった企業は、ドットコム・バブルとその崩壊の代表例

ドットコム企業の墓

2000 ドットコム・バブルの崩壊

1990年代後半、多額の資金がドットコム企業（インターネットビジネスを手がけるベンチャー企業）に投資されました。問題は、そういった企業のほとんどがきわめて過大評価されていたことでした。数多くのドットコム企業が、利益を出すすべのないまま株式公開してしまっていました。これらの企業には派手な広告キャンペーンと莫大な投機的価値はありましたが、実際のビジネスがありませんでした。2000年にドットコム・バブルは「はじけ」、株式市場が暴落しました。

Linuxのペンギン、タックス

Linuxは今でも無料で使える。世界中の熱狂的なファンが絶えず改良を続けている！

1991 Linux カーネル
リナックス

UNIX をベースにした Linux という無料のオペレーティングシステムが、インターネット上のユースネット・ニュースグループに公開されました。すぐに何千人ものボランティアが改良を始め、1992年には人気のあるオープンソースのオペレーティングシステムとなりました。

CAT.JPG

1992 JPEG 標準
ジェイペグ

フランスのミニテルネットワークのメンバーは、ジョイント・フォトグラフィック・エキスパーツ・グループ（JPEG）に集まり、インターネット上で見栄えがするように画像を圧縮する方法を考え出しました。1992年に JPEG 標準が導入されて、もっともよく使われるファイルフォーマットの一つとなりました！

1996
ノキア9000コミュニケーター

フィンランドで発売されました。インターネットにアクセスできる最初の携帯電話だったと考えられています。

1997 あ！

CONGRATULATIONS
FREE
$50
WIN·WIN·W
BOGO

最初のポップアップ広告

ポップアップ広告はバナー広告よりもたくさんクリックされるのですが、それはおそらく間違ってクリックしてしまうためです。1990年代後半にはこういった迷惑な広告が皆のブラウザの動作を妨げ、広告主と詐欺師、そしてそれをブロックしようとするブラウザ開発者たちのあいだでプログラミング競争が起こりました。

2001
iTunesのリリース
アイチューンズ

1990年代に音楽は、MP3というデジタルファイルに圧縮されオンラインでダウンロードできるようになりました。このことで音楽業界は大混乱に陥りました。人々がカセットテープやCDをもはや必要としなくなったからです。アップル社はレコード業界と取引を行い、音楽をデジタルで販売する機会をつかみました。iTunesをつかえば、人々は楽曲を個別に購入して、アップル社のiPodで聴くことができました。

2005

私のブログ見た？

素敵！Myspaceでフレンドにして？

Web2.0の到来
とうらい

数多くの歴史家が、1991年から2004年までの時期を「Web1.0」と呼んでいます。2005年には、ウェブはもはや静的なウェブサイトを主として構成されたものではなくなり、ユーザーが作成し常に更新されるコンテンツの方が多くなりました。この変化は「Web 2.0」と呼ばれました。

インターネットとウェブという用語は区別されることなく使われることがよくありますが、この2つは別のものです！ インターネットとは、接続されたコンピュータの物理的ネットワークと、そのネットワークを通じてデータがどのように移動するかについての規格が合わさったものです。ウェブとは、インターネット上で動作するアプリケーションで、ハイパーリンクとアドレスで「蜘蛛の巣（ウェブ）」のようにつながったページや文書やリソースの集合体のことです。

インターネットは、1969年にアメリカ軍のプロジェクトであるARPAネットとして始まりました。このネットワークは、1980年代後半にNSFネットに引き継がれるまで「インターネットのバックボーン」として機能しました。他にも小さなネットワークは世界中に出現していたものの、メインのインターネットは、それを運営する政府機関によって厳しく制限されていました。NSFネットは完全に科学及び学術研究を目的としたものだったのです。無料でしたが、広告や商取引やインターネットアクセスへの課金といったことは禁止されていました。電子メールを除けば、初期のインターネットはほとんど研究者専用のもので、使い勝手もよくありませんでした。論文を読もうとするたびに、巨大でわかりにくいファイル名がつけられた非常に長いディレクトリをスクロールしなければならない、といった場面を想像してみてください。インターネットのもつ本当の可能性はまだ実現されていませんでした。

ウェブ上で最初に知られるようになった画像は、1992年にアップロードされたレ・ゾリブル・セルネットの写真。CERNに勤務していた女の子だけで結成したドゥーワップバンドだった。

AOLは郵送で、そして野球場からスーパーマーケットにいたるあらゆる場所で、無料のCD-ROMを配布した。CD-ROMを急速冷凍してステーキと同梱しようとしたことすらあった！

ウォールド・ガーデン

1990年代の初頭、はじめてインターネットを利用した人たちは圧倒されたように感じた。「ウォールド・ガーデン」とは、電子メール、スポーツ、ニュース、ゲームといった限られたコンテンツを提供する、AOL（アメリカ・オンライン）のような閉鎖的なネットワークのことである。

メールが届きました！

ワールド・ワイド・ウェブ

ティム・バーナーズ＝リーは、スイスのCERN（欧州原子核研究機構）でソフトウェアエンジニアとして働いていたときに、ウェブを作り出しました。CERNの科学者たちは、NSFネットを使って電子メールを送ったり、素粒子物理学の研究に取り組んだりしていました。バーナーズ＝リーはCERNを歩き回っていて、廊下を伝わっていくニュースの速さに着想を得ました。情報が集まるそういう場所では、人々は会話を小耳にはさんだり、掲示板に貼られたチラシを読んだり、同僚に出くわしたりして、アイディアを共有して協力をするきっかけを得ていました。バーナーズ＝リーはインターネットをそんな場所にしたかったのです！ 1989年に彼はワールド・ワイド・ウェブの提案書を作り上げました。

ウェブとは、ハイパーテキストと呼ばれる、キーワードに埋め込まれたクリック可能なリンクを通じて、関連する「ウェブ文書」を接続するというものです。マウスでクリックすれば、ある文書から別の文書へと簡単に移動することができます。ウェブ文書（のちにウェブページやウェブサイトと呼ばれるようになる）は、バーナーズ＝リーが作成したプログラミング言語HTML（ハイパーテキスト・マークアップ言語）を使って作成されます。ロバート・カイリューの協力のもと、ワールド・ワイド・ウェブは1990年に誕生し、1991年に無料で一般に公開されました。

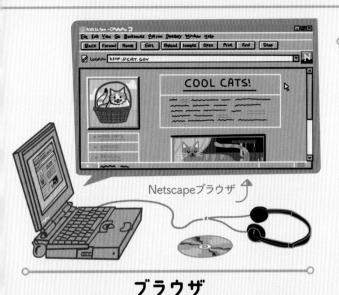

Netscapeブラウザ →

ブラウザ

　ブラウザとは、ウェブサイトを取得して表示するものです。1990年にティム・バーナーズ＝リーはNexus（ネクサス）というブラウザ／ページエディタを発表しました。このブラウザは、テキストの多いウェブページに限定されており、現代のウェブサイトというよりはテキスト文書に近い見た目でした。1993年にCERNとバーナーズ＝リーは、ウェブの改善（かいぜん）をクラウドソースで行うために、ソースコードをインターネット上に公開しました。

　この年、イリノイ大学のマーク・アンドリーセンとエリック・ビナは、最初のブラウザの一つであるMosaicを開発しました。Mosaicはさまざまなコンピュータに簡単（たん）にインストールすることができました。また、Mosaicのおかげで画像や色をウェブページに直接組み込むことが苦もなくできるようになり、ウェブページは学術論文（ろんぶん）というよりも雑誌（ざっし）のページのような見た目にかわりました。リリースから1年も経たないあいだに、何万もの新しいウェブサイトが公開されました。

ブラウザ戦争

　マーク・アンドリーセンがMosaicプロジェクトを率いたのは22歳（さい）のときでした。1993年にイリノイ大学を卒業した後、彼は企業家ジム・クラークとともにネットスケープ社を立ちあげました。アンドリーセンの目標は、自分の作った元々のブラウザを改良して「Mosaicキラー」を作ることでした。Netscape Navigator（ネットスケープ・ナビゲーター）とよばれるこのブラウザは1994年10月にリリースされ、600万回以上ダウンロードされました。その翌年（よくねん）にネットスケープ社は上場し、株（かぶ）価は急（きゅう）上昇（じょうしょう）して、この小さな会社は突如（とつじょ）数十億ドルもの価値（かち）をもつようになりました。ウェブは、すぐに大金持ちになれる新しいフロンティアとなったのです。

　これが、ビル・ゲイツとマイクロソフトの目にとまりました。ゲイツはNetscape NavigatorがWindowsに取って代わるのではないかと心配しました。コンピュータの将来（しょうらい）が、ウェブサイトへのアクセスと、ブラウザベースのソフトウェアにあることは明らかでした。1990年代半ば、マイクロソフト社はOSの市場シェアをほぼ独占（どくせん）していました。Windows 95は、ソフトウェアの発売としては史上もっとも期待された出来事で、マイクロソフト社のブラウザであるInternet Explorerが同梱されていました。

　ネットスケープ社とマイクロソフト社は、アニメーションを表示したり音声を流したりすることができるメディア機能を追加するなど、ブラウザの改良をめぐって競争を繰り広げました。マイクロソフト社は、WindowsでNavigatorのインストールをブロックし、Explorerだけを使うように強制することすら行いました。このため、アメリカ政府はマイクロソフト社を調査し、反トラスト法違反の訴訟を行うに至（いた）りました。マイクロソフト社は他のブラウザの使用をふたたび許可せざるを得なくなりましたが、ネットスケープ社のダメージは大きなものでした。ネットスケープ社がめだった市場シェアを回復することはありませんでした。

　テクノロジー産業では独占がおこなわれる傾向（けいこう）にありますが、インターネットブラウザはその一例にすぎません。コンピュータの歴史においてもっとも創造的で豊かな時代（おとず）が訪れるのは、競争やさまざまなアイディア、そして活発なコラボレーションが盛んにおこなわれるときです。そういった実り多い時代がすぎると、独占が野放しにされ、創造性の停滞（ていたい）した時期がやってくるものなのです。

Windows 95発売のキャンペーンには2億ドルかかり、そのうち300万ドルはローリング・ストーンズの楽曲「スタート・ミー・アップ」の使用料だった。

画像編集ソフト「フォトショップ」は1990年に登場した。

この本はすべてフォトショップで描かれている！

1995年にNSFネットは廃止され、インターネットの「バックボーン」は完全に民間企業に委ねられた。

検索エンジン

検索エンジンのおかげで、ウェブは一気に使いやすくなりました。1990年代半ばまでに、ウェブサイトの数は急増していました。確かに、お気に入りのウェブサイトのURLを覚えたり「ブックマーク」したりするのは簡単です。しかし、何か新しいものを探したいときにはどうすればよいのでしょうか？ アドレスがわからないのに、どうやってウェブサイトにたどりつけるというのでしょうか？

現代の検索エンジンの最初のものは、スコットランドのスターリング大学のジョナサン・フレッチャーが1993年に作ったJumpStationです。これは、インターネット上のあらゆるウェブページのコンテンツをインデックス化する「ウェブクローラー」とよばれる自動プログラムでした。そうして作成されたウェブサイトの情報はサーバーに保存されます。たとえば、スキューバダイビングの情報を検索したいとすると？ サーバー上のコンテンツは「スキューバダイビング」というキーワードを用いて並べ替えられ、関連するウェブサイトのリストが提供されるというわけです。

初期の検索エンジンのほとんどは、同じような仕組みで動いていました。ウェブサイトは情報の質ではなく、キーワードが何回出現したかという量によって並べ替えられていました。そのため、人々は自分のウェブサイトへのトラフィックを増やすために、キーワードを何度も追加して、時には巧妙に画像の後ろに隠したりして、検索のシステムをだまし始めました。スキューバという言葉を100万回貼り付けたウェブページが、検索結果の上位に表示されたところを想像して

みてください。全く何の役にも立ちませんよね！

スタンフォード大学のラリー・ペイジとセルゲイ・ブリンという2人の大学院生がこの問題を解決しました。学術論文の質は、その論文が他の出版物にどれだけ引用されたかで決まるということにヒントを得て、あるウェブサイトが他のウェブサイトから何回リンクされているかを測定するアルゴリズムを作ったのです。これをバックリンクと呼びます。バックリンクの多いウェブサイトほど、検索で上位に表示されることになるのです。もともと彼らの検索エンジンは、1996年にバックラブ（BackRub）という研究プロジェクトとして始まりました。1998年にペイジとブリンは起業し、「巨大な数」という意味の言葉であるgoogolから名付けたGoogleという検索エンジンをスタートさせました。

膨大な利用者を抱える検索エンジン企業は、広告スペースを販売し、「スポンサードサーチによる検索結果」を提供することで、大金を稼いでいます。Googleのような検索エンジンは大量のユーザーデータにもアクセスすることができますが、これは広告主と政府のどちらにとってもきわめて貴重な商品となっています。Googleのアルゴリズムは非常にうまく機能し、2000年のドットコム・バブルの崩壊も生き延びました。2004年には株式の新規公開に成功し、インターネット起業は依然として利益を生むということを投資家たちに知らしめています。Googleは地球上でもっとも強力な企業の一つへと成長したのです。

コンピュータは、映画の中で用いられる写実的なCGIを作り出した。『ターミネーター2』（1991年）

『ジュラシックパーク』（1993年）

『マトリックス』（1999年）

1996年に始まったロボカップは、ロボットとAIサッカーの国際競技会。

eコマース

これらの企業はオンラインショッピングを普及させた。

Amazonのビジネスモデル

お金はユーザーからAmazonへ。

Amazonは1994年に設立され、本屋としてスタートした。この会社は、小売業を崩壊させるという意図のもとに作られた。事業者たちはオンライン化の必要性を痛感し、その多くが閉店に追い込まれた。

2000年代初頭には、Amazonは「あらゆるものを売る店」へと拡大した。

eBayのビジネスモデル

お金はユーザー同士でやりとり。

eBayは1995年に始まった、オンラインの入札市場。eBayのようなウェブサイトのおかげで、人々は小規模なオンラインビジネスを始めやすくなった。

初のバナー広告

何もかも無料だと思われているときに
オンラインでお金を稼ぐには？　広告だ！

1994年、『ワイヤード』誌が最初のオンラインバナー広告を掲載した

印刷広告やTV広告とは異なり、マーケティング担当者は
何人がオンライン広告をクリックし、それがどのように売り上げに
つながったかを把握することができる。このデータはたいへん貴重で、
しかもほんの始まりにすぎなかった。

広告スペースとユーザーに関するデータを販売することで、
多くのオンライン企業が利益を上げつづけている。

初期のソーシャルメディア

ウェブの初期には、コンテンツ制作者と消費者との間には隔たりがあり、数少ない人々が数百万人の訪問者のためにウェブサイトを作っていました。自分のウェブサイトをもつには、HTMLでコーディングできるほど技術に精通しているか、開発者に払うお金が必要でした。これが変わり始めたのは、1994年にジオシティーズ（GeoCities）のプラットフォームが登場したときです。ジオシティーズでは、オンラインツールの基本セットとちょっとしたコーディングで、簡単に自分のウェブページを作ることができました。人気がピークに達した1999年には、ジオシティーズには3800万ものページがあり、それぞれがトピックごとに「近所」に分類されていました。こうして、コンテンツ制作者と消費者との境目はあいまいになり始めました。

ジオシティーズは現代のソーシャルネットワークの先駆けでした。2000年代には、Friendster（2002年）やMyspace（2003年）といった初期のソーシャルメディアプラットフォームがオンラインになりました。ユーザーは1日に何度もこういったサイトに行き、お互いにメッセージを投稿して、半公開となっている自分のウェブページをアップデートしました。2004年にハーバード大学の学生マーク・ザッカーバーグは、自分の大学の学生たちをつなぐためにFacebookを作りました。それから数年のあいだにFacebookは他の大学へ、そして全世界へとあっという間に拡大して、巨大なメディア・コングロマリットとなりました。

大学時代、マーク・ザッカーバーグは大学1年生の容姿を評価するFacemashというサイトをスタートさせた。

ハーバード大学は性差別的だという理由でこのサイトをシャットダウンした。

Myspaceでは、CEOのトム・アンダーソンは、皆の最初の「友達」だった。

この時代の影響

インターネットは、常に更新される巨大な百科事典へと、そしてグローバルな市場へと、そしてさらにはコミュニケーションのハブへと成長を遂げました。すべてが一つにまとまったのです。2005年末にはウェブは成熟し、「ユーザー」と「コンテンツ制作者」はまったく同じ存在となりました。Web2.0が到来して、インターネットが個人のアイデンティティの延長となる、次の10年間への舞台が整ったのです。

ウェブサイトを作成！

チャットグループに参加！

ライブストリーミングを開始！

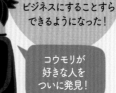

人々は初めて、自分が何となく好きなもののためのコミュニティを簡単に見つけ、さらにはそれをビジネスにすることすらできるようになった！

コウモリが好きな人をついに発見！

「さて、私たちは象の前にいます…」

最初のYouTube動画「ミー・アット・ザ・ズー」は2005年にアップロードされた。

インターネットのためのブロードバンド（1996年）

　ブロードバンドが登場する前、インターネットにはアナログ信号をデジタル信号に変換するモデムを介し、電話回線を通じてアクセスしていました。これをインターネットへの「ダイヤルアップ接続」といいます。ダイヤルアップは、1950年代に電話用に設計された通信インフラストラクチャーの上に構築されたシステムで、大量のデジタルデータを送るためのものではありませんでした。そのため、特に写真をはじめとした大容量ファイルを送るときには、インターネットは非常に遅くなりました。

　ブロードバンドとは、ダイヤルアップよりも高速なインターネットのことを指します。ブロードバンドでは、ケーブル、光ファイバー、衛星といったさまざまな方法でデータを伝送します。1996年にカナダのケーブルモデムサービスが北米にブロードバンドを導入しましたが、それが普及したのは2000年代初頭になってからでした。2010年には、アメリカの家庭の65パーセントがブロードバンドを利用してインターネットに接続するようになりました。しかし、地方のほとんどでは、それまでに引き続き低速のダイヤルアップ接続が用いられていました。高速インターネットには力が伴います！大きなファイルを素早く転送すれば、インターネットはもっと便利になるのです。

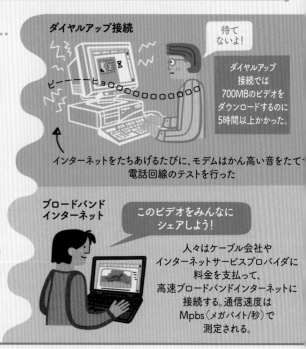

ダイヤルアップ接続

待てないよ！

ダイヤルアップ接続では700MBのビデオをダウンロードするのに5時間以上かかった

インターネットをたちあげるたびに、モデムはかん高い音をたてて電話回線のテストを行った

ブロードバンドインターネット

このビデオをみんなにシェアしよう！

人々はケーブル会社やインターネットサービスプロバイダに料金を支払って、高速ブロードバンドインターネットに接続する。通信速度はMpbs（メガバイト/秒）で測定される。

Wikipedia（2001年）

　ジミー・ウェールズとラリー・サンガーは、2001年に無料のオンライン百科事典としてWikipediaを作りました。これは当初はNupediaという名前で、専門家が執筆した記事を掲載し、記事の正確さについては正式に査読されるというものでした。ウェールズはNupediaに取り組むうちに、どんな題目の情報でも掲載できて世界中の誰でも編集できるような、公衆によって書かれた百科事典を作るというアイディアを思いつきました。情報を入手して編集するこういったやり方は、クラウドソーシングと呼ばれます。Wikipediaはすぐに成長しました。2007年には記事は200万本の大台を超え、それまでで最大の百科事典となりました。Wikipediaは成長を続け、インターネットでもっともよく訪問されたサイトの一つになっています。

　Wikipediaは膨大な範囲のトピックに関する情報を提供しており、ある問題について一般的な理解を得るのには非常に良い場所です。とはいえ、Wikipediaのようなオンライン図書館は大衆によって作られているので、間違いや偏見、デマ情報が生じる可能性もあります。こんにちのWikipediaには、不正確な情報を見つけて知らせるためのルールがあり、管理者がいます。いつも完璧というわけではありませんが、そうやって記事を事実に基づいた状態に保っているのです。インターネットで調べものをするときには、信頼のおける複数の情報源に基づいて情報を確かめ、よく研究された出版物を参照するのがよいでしょう。

Wikipediaは320の言語で5600万もの記事を掲載するまでに成長した

WikipediaはWeb2.0の典型例。

このバンドの名は「ピクシーズ」

正しくは「ザ・ピクシーズ」だよ

投稿者たちはしばしば記事をめぐって衝突し、何度も編集を繰り返す。記事に対する編集の全記録は、そのページのトークと履歴表示のタブで見ることができる。

私、この会社の51%を所有しているの!

広く用いられた初の携帯型コンピュータだと考えられている

パームパイロット（1997年発売）

「パーソナルアシスタント」では予定や連絡先を記録したり、電話をかけたり、To Doリストを整理したりすることができた

ペンといくつかのボタンを用いた、手書き文字認識機能があった

手書き文字を認識する「パーソナル・データ・アシスタント」

スタイラス・ペン

Apple Newton（1993年発売）
ニュートン

開くと小さなキーボードがついたコンピュータになる

ノキア9000 コミュニケーター（1996年発売）

前面には携帯電話

通話とEメール送信ができた

初のグラフィカル・スマートフォン

ポケット端末、パーソナルアシスタント、MP3プレーヤー

1980年代、携帯電話はかさばって高価で、車に組み込まれることも多かったため、ほとんどの場合、富裕層だけが使っていました。1990年代に、携帯電話は平均的な消費者が入手できるくらい小さく安価になりました。テクノロジー企業はそれをもう一歩進めて、もっと多くのことができるポケット端末を作りたいと考えました！ 1940年代の探偵マンガや『スタートレック』に出てくる手のひらサイズの通信装置に触発されて、デザイナーたちは1990年代から2000年代初頭にかけて、オール・イン・ワンの通信機器を作ろうと試みました（が、成功はまちまちでした）。

BlackBerry（1999年発売）
ブラックベリー

主に仕事に用いられ、「職業人が夢中」といわれた

iPod（2001年発売）

このミュージック・プレーヤーでは、MP3で1,000曲もの楽曲を保存することができた

影響力のあった人々

「あなたが何かすれば、その努力の成果が何倍にもなる。それが Linux のいいところです。ポジティブなフィードバックサイクルなのです」

リーナス・トーバルズ
（1969-）

フィンランドのヘルシンキ生まれ

1991年に無料のオペレーティングシステム Linux を作り上げた

Linuxはもっとも人気のあるオープンソースのオペレーティングシステムの一つ。Linuxのさまざまなバージョンが、世界中のスマートフォンに搭載されている。

ともに暗号の研究でチューリング賞を受賞。

シルヴィオ・ミカリ
（1954-）

二人の論文「確率的暗号化」はインターネットセキュリティの発展で重要な役割を果たした。

と

シャフィ・ゴールドワッサー
（1959-）

二人はチャールズ・ラコフとともにゼロ知識証明を発明した。これは暗号プロトコル設計の鍵となっている。

変化が速くそして混沌としたeBayの雰囲気は、初期のウェブカルチャーを形作った

フランス生まれのイラン系アメリカ人ソフトウェアエンジニア

「eBayを成功に導いたもの、eBayの真の価値、真の力とはすなわち、コミュニティです。買い手と売り手が一緒になって、マーケットプレイスを形成しているのです」

ピエール・オミダイア（1967-）

1995年にオミダイアはAuctionWeb（オークションウェブ）を立ち上げ、それは後にeBay（イーベイ）と改名された。趣味で始めたものだが、2001年にはeBayはウェブ上で最大のeコマースサイトの一つとなった。

ジャネット・ウィングとともに、オブジェクト指向プログラミングの原理であるリスコフの置換原則を開発した

プログラミング言語とシステム設計の基礎となる研究でチューリング賞を受賞。

マサチューセッツ工科大学でプログラミング方法論のグループを率いている

バーバラ・リスコフ
（1939-）

「私が思い描いたウェブは、まだ我々の目の前に現れてはいません。未来は過去よりもずっと大きいのです」

ティム・バーナーズ＝リー (1955-)

イギリスのコンピュータ科学者ティム・バーナーズ＝リーは、テクノロジーに精通した家族のもとに生まれました。彼は1976年にオックスフォード大学を卒業し、ソフトウェア開発の仕事をいくつか経験しました。1980年に彼はスイスのCERNでソフトウェアコンサルタントとして数か月を過ごし、ハイパーテキストリンクを用いるプログラムENQUIREを開発しました。4年後に彼はCERNに戻り、研究所のコンピュータネットワークの開発を請け負いました。バーナーズ＝リーは、科学者たちがデータやアイディアを共有するための、より良い方法を見つけたいと考えました。これが1989年のワールド・ワイド・ウェブの提案につながりました。「ウェブは、情報を共有することでコミュニケーションができる共同スペースであるべきだ、というのが当初の考えでした」とバーナーズ＝リーは語っています。ウェブは1990年に完成し、翌年に公開されました。

バーナーズ＝リーは、ウェブを完全無料で使えるようにするために戦いました。「千の花を咲かせて」、イノベーションを促すためです。1994年には、ウェブ標準を開発する国際コミュニティ、ワールド・ワイド・ウェブ（W3）コンソーシアムを設立しました。これは、ウェブが成長を続けパブリックドメインであることを保証するという目的で作られたものでした。バーナーズ＝リーが作り上げたオープンソースウェブのおかげで、オンラインビジネス（ごく小規模なものも、ウェブテクノロジーの巨大企業も）や、クラウドソースによる研究、コミュニティフォーラム、個人のブログなどといったあらゆるものが可能になったのです。

「パーソナルコンピュータは、私たちがこれまで作ったなかでもっとも力を与えてくれるツールとなったといってよいと思います。コミュニケーションの道具であり、クリエイティビティの道具でもあり、ユーザーによって形作られうるものなのです」

ビル・ゲイツ (1955-)

1990年代、マイクロソフト社はオペレーティングシステムでまぎれもない独占状態となり、創業者のビル・ゲイツは権力と名声の頂点に立ちました。2000年には、コンピュータの97%がWindows OSを使用し、マイクロソフトOfficeとInternet Explorerは世界標準となっていました。

ゲイツはワシントン州シアトルで生まれました。彼は幼馴染のポール・アレンと高校にあったタイムシェアリング端末を使い、プログラミングの実験をしました。そして、トラフォデータというシンプルな交通データ収集用コンピュータを作成しました。こうして彼らは、当時まだほとんどの人がもっていなかったインテル社のマイクロプロセッサを使ってプログラミングするという経験を得たのでした。1975年にゲイツはアレンのあとを追い、ハーバード大学を中退して、Altair 8800向けBASICの開発に取り組みました。同じ年にアルバカーキでゲイツとアレンはマイクロソフト社を共同創業しました。彼らのプログラミング言語Microsoft BASICは1970年代のマイクロコンピュータのほとんどすべてに採用され、そのおかげで彼らは競争の激しい業界で早くから足がかりを得ることができました。

1980年代、ゲイツは会社を成長させ続け、マイクロソフト社はPCでIBMと協働して業界標準となりました。もっとも有名な製品Windows GUIは、1985年に発売されました。ゲイツのリーダーシップのもと、マイクロソフト社は1960年代のIBMのような力と市場支配を目指しました。パソコンを持っている人は例外なく、しばらくはWindows OSを使うことになりました。

2000年に、ゲイツは当時の妻とともにビル＆メリンダ・ゲイツ財団を設立し、慈善活動に関心を向けるようになりました。この財団は主に医療、教育、貧困との闘いに焦点をあてたもので、世界最大の民間財団です。2008年にゲイツはマイクロソフト社での職を辞し、財団に専念しました。

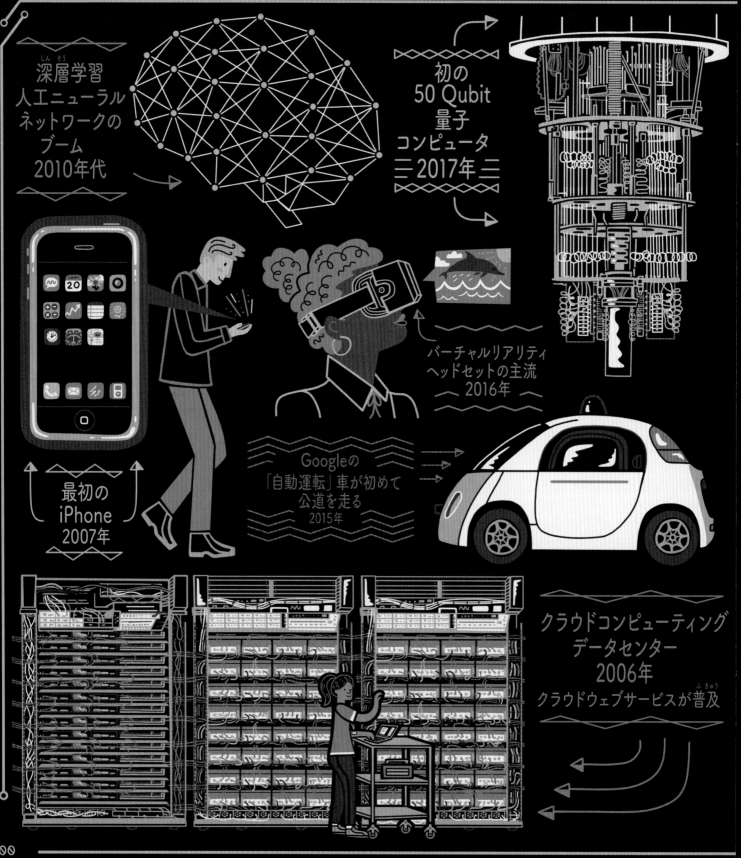

深層学習
人工ニューラル
ネットワークの
ブーム
2010年代

初の
50 Qubit
量子
コンピュータ
2017年

バーチャルリアリティ
ヘッドセットの主流
2016年

最初の
iPhone
2007年

Googleの
「自動運転」車が初めて
公道を走る
2015年

クラウドコンピューティング
データセンター
2006年
クラウドウェブサービスが普及

オール・イン・ワン・デバイス

2006年～現在

ポータブルコンピュータ、ビッグデータ、AI

2005年にはWeb2.0が到来しました！　コンピュータは、コミュニケーション、仕事、遊びに欠かせないツールとなっていました。そのたった数年後には、スマートフォンが台頭します。このオール・イン・ワン・デバイスは、携帯電話、コンピュータ、デジタルカメラ、GPSなどが組み合わさったもので、常にインターネットにアクセスするために不可欠なツールとなりました。スマートフォンの台頭は、先進国で大きな文化的変化をもたらし、インターネットを用いたやりとりはますます生活のなかに浸透していきました。

1990年代に登場したWi-FiとBluetoothは、2000年代の最初の十年で完全に成熟し、コンシューマー向け技術としてますます一般的になりました。サーモスタット、冷蔵庫、セキュリティシステムといった数多くの家電製品が、インターネットに接続することで「スマート」デバイスとなりました。

2010年代には、ポータブルなスマートデバイスとワイヤレスブロードバンドが一般的になりました。インターネットはもはやデスクトップの前に座ってアクセスするものではなく、どこにでもあるものになりました。巨大なデータセンターが、オンラインで作成された膨大な量の情報を格納するのに用いられました。膨大な量のデータと、どんどん強力になりつつあるコンピュータのおかげで、複雑なニューラルネットワークによるAI（人工知能）が発達しました。このさき数十年のコンピュータ技術は、AI研究の大きな飛躍で定義されることになるでしょう。

歴史年表　TIMELINE

goo·gle
動詞：
ワールド・ワイド・ウェブ上にある（誰かあるいは何か）についての情報を得るために検索エンジンGoogleを使用すること。

2006

Google™

WHAT'S GOOGLE?

「Google」が辞書に載（の）る

『オックスフォード英語辞典』と『メリアム・ウェブスター辞典』が動詞（どうし）「google（ググる）」を掲載しました。Googleは多くの人々にとってインターネットをうまく利用するための手段（しゅだん）となっています。Googleの検索アルゴリズムに小さな変化を加えるだけで、利用者がオンラインで何を見つけるかが大きく変わる可能性があります。

2012

モニターやキーボード、マウス、カメラなどに差し込める！

クレジットカードのサイズ

ロボットやDJシステム、電気スケートボードといったカッコいいものを作るのに使われている！

ラズベリーパイ

コンピュータについて学ぶもっともよい方法は、プログラミングをすることです！　ラズベリーパイ財団は、Scratch（スクラッチ）やPython（パイソン）といった言語を用いて、学生が改造したりプログラムしたりすることができる小型のコンピュータボードを開発しました。2013年には、100万台以上のラズベリーパイ・コンピュータが教材として使われるようになりました。

2014

図書館はどこ？

¿DONDE ESTÁ LA BIBLIOTECA?

SON UNAS CUADRAS AL NORTE

数ブロック北に行ったところです

Googleのニューラル機械翻訳（ほんやく）

NMT（ニューラル機械翻訳）ソフトウェアでは、翻訳ソフトが文全体を一度に読んで、正しい語尾（ごび）や時制、複数形を理解することができます。一度に一つの単語やフレーズしか読めなかった旧来の翻訳ソフトからは、大幅（おおはば）に改善（かいぜん）されました。

Alphabet

YouTube
nest

アルファベット社が所有する企業には、YouTube、Nest、Google Fiber、Android、DeepMindなどがある

2015

アルファベット社

Google社は成長を続け、地球上で最大かつもっとも強力なテクノロジー企業の一つになりました。2015年にGoogle社はコングロマリットであるアルファベット社を設立し、1年のうちに200社以上を買収（ばいしゅう）しました。アルファベット社には、ヘルスケア、AI、自動運転車、インターネットアクセスなどに焦点（しょうてん）をあてた企業が含（ふく）まれています。

#pizzaratが トレンドだって！

2009年にTwitterは ハッシュタグ機能を 用いた 検索を始めた。

2007 ハッシュタグ登場！

ハッシュタグ（#）は、トピックをグループ化するのに用いられ、1988年のインターネット・リレー・チャットにまでさかのぼることができますが、数十年ものあいだ普及はしていませんでした。2007年にブロガーのクリス・メッシーナがソーシャルメディアアプリのTwitterで「#sandiegofire」を使い、ハッシュタグが人気になりました。それ以来、ハッシュタグはジョークの共有から政治運動の組織化まで、あらゆることに利用されています。

ビットコインでの 最初の買い物は、 10,000BTCで ピザ2枚だった

2008 ビットコイン

2008年に学術論文「ビットコイン：ピア・トゥ・ピア電子通貨システム」が発表されました。ビットコインとは暗号通貨で、匿名の電子通貨の一種です。ビットコインは、ビットコイン取引を処理することで得られ、その価値は何年にもわたって上下しています。暗号通貨は、恥ずかしいものや違法なものをオンラインで購入するのに使われることもあります。

スマートダストとして 知られている！

太陽光電池を 搭載している

環境学者は リアルタイム データを 集めるのに使っている。

2014 世界最小のコンピュータ

ミシガン大学のコンピュータ科学者たちが、ミシガンマイクロモート（通称M3）と呼ばれる、砂粒ほどの大きさのコンピュータを3つ作製しました。1台は温度を、もう1台は圧力を測定し、最後の1台は写真を撮ることができます。

2014 インターネット利用が 世界人口を反映

世界のコンピュータ利用は伸び続け、2010年代半ばまでに、インターネットユーザーが世界の人口比率を反映するに至りました。2014年には、中国人がインターネット上で最大のユーザーグループとなりました。

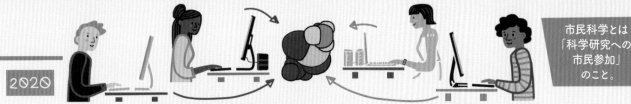

市民科学とは 「科学研究への 市民参加」 のこと。

2020 市民科学が最速のスーパーコンピュータを作る

ウィルスのたんぱく質の折り畳みといった複雑な構造のモデル化に必要なスーパーコンピュータは、すべての科学研究室が利用できるわけではありませんでした。スタンフォード大学のFolding@homeプログラムは、インターネットを用いて人々のパソコンをネットワーク化し、その処理能力を共有しました。過去には、Folding@homeはHIVやエボラ出血熱といったウィルスのモデル化に利用されました。COVID-19のパンデミックでは、新たに100万人近くが自分のコンピュータをネットワークに接続して、この病気と闘うために協力しました。2020年春の一時期には、Folding@homeは地球上でもっとも速いスーパーコンピュータとなりました。

スティーブ・ジョブズ

2000年代初頭、皆が持っているリュックのなかには、さまざまな携帯電子機器がありました。ゲームボーイや、音楽を聴くためのMP3プレーヤー、携帯電話、デジタルカメラなどです。これらはすべて特定のタスクをこなすために作られたものでした。その次の一歩は、こういった技術を一つにまとめてオール・イン・ワン・デバイスを作り、携帯電話をコンピュータに変えてしまうということでした。

スマートフォン

IBMが1994年に発表したSimonは最初のスマートフォンだと思われます。通話時間はわずか30分、レンガほどの大きさで、ワイヤレスではメールを送れず、完全な失敗作でした！ その後、ノキア9000コミュニケーター（1996年）やBlackberry5810（2002年）といった、スマートフォンの原型となる製品が市場で成功をおさめましたが、それでもややニッチな存在にすぎませんでした。こういった機器には、小さな画面とプラスチック製ボタンでできた小型キーボードが搭載されていました。ワイヤレスデータ通信が制限されていて処理能力も低いスマートフォンは、大衆に受け入れられませんでしたが、iPhoneがそのすべてを一変させました。

2007年、スティーブ・ジョブズは鳴り物入りで、iPhoneのデモをステージで行い、群衆は大歓声をあげました。テレビドラマ『ジ・オフィス』の映像を見たり、メールに返信したり、写真を撮ったり、iTunesでグリーン・デイの楽曲を再生したり、もちろん電話をかけたりといったことがすべて、ガラススクリーン上でタップしたりスワイプしたりするだけでできるようになったのです。ポップカルチャーが生まれたこの瞬間は、センセーションを巻き起こしました。iPhoneが発売になったとき、アップルストアの前で徹夜して買う人までいたほどでした。

初代iPhoneは本質的に、小型のタブレットと携帯電話を合わせたものでした。ガラス製のタッチスクリーンとユーザーインターフェースを備え、実行中のプログラムに応じて機能を変化させることができました。このイノベーションのおかげで、初期のスマートフォンで不便だった小さなボタンがなくなり、あらゆる種類のソフトウェアが使える可能性が生まれました。iPhoneはアップル社のチームが作り上げた、ジェスチャーによる操作を採用し、その後のスマートフォンの設計標準を確立させました。

iPhoneが登場したのは、ワイヤレスネットワークのインフラストラクチャーが成熟した頃でした。それまでのスマートフォンとは異なり、iPhoneには、動画を見たり、ウェブをすばやく閲覧したり、リアルタイムでの位置情報追跡をサポートしたりするのに十分な帯域がありました。

iPhoneが発売された頃、Android（2005年にGoogle社が買収）のように、他の企業も独自のモバイルOSを開発していました。Android OSを搭載した初のスマートフォンは、2008年のHTC Dreamです。閉鎖的なiPhoneのiOSモデルとは異なり、Android OSはLinuxをベースにしたオープンなOSでした。こういった新しい機器を最初に消費者に紹介したのはアップル社でしたが、Androidが市場をリードすることになりました。AndroidのオープンソースOSが、携帯電話以外の数多くの「スマート」デバイスに搭載されることになったからです。2013年に、Android搭載のスマートフォンの販売台数は、他のスマートフォンとパソコンを合わせた台数を上回りました。

2007年、電子書籍のために作られた初のタブレット、Kindleが発売された。

2012年、コンピュータのデータを、遺伝子を書き換えたDNA鎖として保存できることが証明された。

DNAは1や0を表せるACGTという4種類の化学塩基で構成されている。

電話の進化

RING

アプリケーション

　スマートフォンが真に「オール・イン・ワン」になったのは、アプリケーションのおかげです。当初、アップル社はiPhone用の「アプリ」を、特定のディベロッパーにしか作らせませんでした。多くの人は、これほど力のあるコンピュータになぜ制限が必要なのか疑問に思い、これは公平ではないと考えました。人々はiPhoneをハッキングして（これは脱獄と呼ばれました）、自身のプログラムをインストールし始めました。そこでアップル社は、Appストアを開設して、サードパーティのソフトウェア会社がアップル社の認可を得てプログラムを販売できるようにしました。2010年代を通じて、新興のテクノロジー企業が、iPhoneの設計者が想像していたものをはるかに超えるようなアプリケーションを作り出しました。それ以来、アプリは輸送、配送、ヘルスケアといった市場を破壊し、変革してきました。費用がほとんどかからず規制もほとんど存在しなかったので、アプリ会社は2010年代を1990年代のドットコム・ブームと同じような、利益を追求できる全盛期だったと捉えています。

靴をレンタルするアプリはどうかな？

やった〜！

わーい！

2010年代には、ビデオゲームのグラフィクスとオンラインプレイがコンピュータのイノベーションを大きく後押しした。

とってもリアル！

2010年、アメリカ空軍は1,760台のプレイステーションを接続して、強力なスーパーコンピュータを作り上げた。

このコンピュータは「コンドルクラスター」と呼ばれた。

105

スマートフォンが世界を席巻する

仕事としてのコーディングや、長編メディアの作成、ビジネスソフトウェアの利用、サーバーのホスティングといった本格的な作業を行うために、デスクトップやノートパソコンは、いまだ必要とされています。それにもかかわらず、2015年にはもっとも一般的なコンピューティングデバイスはパーソナルコンピュータではなく、スマートフォンとなりました。2019年にピュー・リサーチ社は、全世界の50億人に及ぶモバイルユーザーのうち、半数以上がスマートフォンを持っていると推定しています。2021年にはアメリカの成人の85%がスマートフォンを所有するようになりました。同時に、アメリカの成人の15%がオンラインアクセスではスマートフォンに依存し、他にコンピュータを持っていないことが明らかになりました。「スマートフォン依存」のユーザーは若年あるいは低所得である傾向があります。ポケットデバイスは（設計上）パーソナルコンピュータより機能で劣りますが、一般的にパーソナルコンピュータに比べて安価で利便性が高いのです。

スマートフォンはコンピュータを解体する流れを作り出しました。数多くのコンピューティング機能を秘めながらも設計で制限され、特殊な作業や受動的な仕事を実行するために販売される家電製品が生み出されたということです。たとえば、スマートフォンで簡単に本を読めると思う人はたくさんいますが、スマートフォンを使って書かれた本は多くはありません。

テクノロジーに関していえば、進歩は必ずしも直線的ではありません。最新のタブレットは、2000年代のパーソナルコンピュータよりはるかに高いコンピューティング能力をもっています。しかし、タブレットはストレージやソフトウェアの機能や制御において、決定的に劣っています。1970年代にタブレットコンピュータを初めに構想したエンジニアたち（たとえばアラン・ケイの「ダイナブック」など）が掲げた目標の多くは、いまだ達成されていません。過去を現在に先行するものとしてみるだけでなく、まだ実現されていないアイディアの豊かな源泉としてみることが大切です。

どこでもインターネット

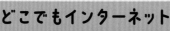

ポン
ポン
ポン
ポン

以前は、インターネットは人がコンピュータにログオンしてアクセスする「場所」だったが、今や誰もが常にオンラインになっていて、「ネット断ち」できる場所を見つけるのが難しくなっている。

ネット断ちって気持ちいい！

クラウドコンピューティング

クラウドコンピューティングは名前とは裏腹に、魔法で空中に漂うデータの霧というわけではありません。実際には、大量のデータを保存・処理できるコンピュータサーバーが何列にも連なったものが「クラウド」です。クラウドのルーツは、1960年代のタイムシェアリングで、人々が遠隔地にある高性能のメインフレームコンピュータに端末でアクセスしたことにまでさかのぼります。現代のサーバーは「データセンター」と呼ばれる巨大な倉庫のなかで冷却されています。これはかつてのメインフレームを彷彿とさせますが、その性能は飛躍的に高くなっています。インターネット経由でこういったサーバーに接続すれば、ストレージスペースや処理能力をレンタルすることができます。

AmazonやGoogleといった大企業は、グローバル規模でデータを扱えるサーバーインフラストラクチャーの構築に投資しなければなりませんでした。2006年には、クラウドコンピューティングそれ自体が大きなビジネスとなりました。数多くの企業がストレージ不足を経験していましたが、クラウドコンピューティングのおかげで、リモートサーバーの処理時間とストレージを借りることができるようになったのです。スマートフォンを使用する人が増えるにつれて、あらゆる個人データをリモートでクラウドに保存するというのが一般的になりました。デスクトップから強力なサーバーに接続されたポータブルデバイスへの移行は、ポストPC時代と呼ばれることがあります。

ソーシャルメディアとアルゴリズム

ソーシャルメディアは2000年代初頭に進化し、コミュニティ活動やニュース、エンターテインメントが楽しめる場所になりました。Facebookのような現代のソーシャルメディアには、AOLのような1990年代の「ウォールド・ガーデン」に似た部分があります。

ソーシャルメディアネットワークは、広告主や研究者、政党など、誰にでもユーザーデータを販売してお金を稼いでいます！広告スペースやスポンサー付きコンテンツでも利益を得ています。

こういったアプリは、個人データに基づくAIとアルゴリズムを用いて、ユーザーがサイトにより長くとどまるようにするコンテンツを表示します。広告スペース販売という観点では、これは非常によく機能します。しかし人々がソーシャルメディアからニュースの大半を得ている場合、これは有害となるかもしれません。出来の悪いアルゴリズムのせいで、正当で事実確認がなされた情報源ではなく、娯楽やセンセーショナリズムに基づいて人々が信念を形成してしまう可能性があるのです。

2013年、Adobe社はソフトウェアを物理的なCDで販売するのを取りやめ、オンラインでのみレンタルできるようにした。

こうしてソフトウェアのサブスクリプションサービスの流れが始まった。

2010年、Instagramでの最初の写真を共同創業者ケヴィン・サイストロムが撮影。

タコススタンドにいる犬の写真だった

ビッグデータとプライバシー

「ビッグデータ」とは、テクノロジー企業が数十億ものユーザーの個人データを処理し保存する能力のことをさします。売られているデータには、ソーシャルメディアに投稿された写真や、ユーザーが動画を見るのに費やした時間、最近のオンライン購入履歴、検索履歴、毎日の通勤経路すら含まれます。ものすごくたくさんあるのです！こういったデータはすべて、スマートデバイスを通じて、あるいはオンラインでのやり取りを追跡することで収集されます。人類史上、例をみない速度で蓄積され、指数関数的に増加している膨大な量の情報です。

個人データは、非常に具体的でターゲットのはっきりした広告を作成するのに使われるだけではなく、AI開発のような科学的・社会的研究のためにも販売・使用されています。ユーザーのデータを保存し追跡する機能のおかげで、大規模なオンライン監視が可能となり、プライバシー権に関するさまざまな議論が巻き起こっています。

アップロードした写真 / 位置情報 / 検索履歴 / 過去の購入履歴

YouTubeの猫動画を検出するよう学習した大規模なニューラルネットワークを、2012年にGoogle Xが作成したことはよく知られている。

このAIには10億ものパラメータがあった。

2016年、3Dプリンタを用いてバロック画家レンブラントのような「絵を描く」AIが作成された。

AIブーム

機械が人間のように学習することはできるのでしょうか？こういったアイディアが、AI（人工知能）とよばれるコンピュータ・サイエンスの分野全体に影響を与えてきました。AIとは、人間の振舞いや考えを機械に模倣させるというものです。この目標を達成するために、科学者たちは機械学習に取り組んでいます。機械学習とは、機械を訓練するのに用いられるさまざまなアルゴリズムや統計モデルのことです。

コンピュータは通常、何をするかを1ステップごとに指示するプログラムを、そのまま実行します。しかしAIや機械学習では、明確な指示がなくても問題を解決するようにコンピュータに「教え」ます。コンピュータはアルゴリズムに基づいて、そして「学習データ」を選別することで「学習」します。学習データを十分に処理してしまえば、コンピュータは数学モデルを作成して自分で動作するようになります。

AIに対する関心は浮き沈みが激しく、AI分野が不人気となり研究費が削減される「AIの冬」と歴史家が呼ぶ時期が、何度もありました。1990年代初頭に、マイクロプロセッサが十分に高速になり、AIへの関心が再活発化しました。2010年代には、インターネットから収集された豊富なビッグデータ、そして機械学習の大幅な発展によって、爆発的な進歩がみられました。コンピュータ・ヴィジョンや音声認識、機械翻訳で飛躍的な進展がありました。

多くの人は、あまり深く考えることなく毎日のようにAIに接しています。Google画像検索ではAIが機能しています。スマートフォンでは、テキストメッセージの自動入力や、音声でのリクエストに対する応答にAIが使われています。AIは言語を瞬時に翻訳できるからです。また、銀河や亜原子粒子のモデリングといった、コンピュータの助けなしにはできないような仕事もAIに頼っています。これらはAIができることのほんの一例にすぎません！

AIは人間が行う学習や問題解決を模倣しますが、人間とはかけ離れたものです。SFではAIはしばしば、どんなタスクでも実行できて意味のある会話も行えるように描かれますが、こういったタイプのAI（汎用人工知能と呼ばれています）が実現するのはまだずっと先の話です。

人工ニューラルネットワークと深層学習（ディープラーニング）

機械学習の一分野で、AIに用いられる強力なツール。ANN（人工ニューラルネットワーク）は、人間の脳でニューロンが情報を伝達するやり方にゆるやかに基づいている。

深層学習は、ニューラルネットワークのなかに数多くの隠れ層があるもの。ANNはもともと1940年代に考案されたが、向上した処理能力及びビッグデータのおかげで2000年代初頭にANNモデルをスケールアップできるようになるまでは、実現が難しいと考えられていた。

人間のニューロン

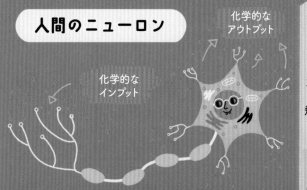

化学的なアウトプット

化学的なインプット

2021年、ノースウェスタン大学のエンジニアが初の飛行マイクロチップを作製した。

この「マイクロフライヤー」は砂粒ほどの大きさで、種のように風に乗って浮かぶ。

ニューラルネットの図

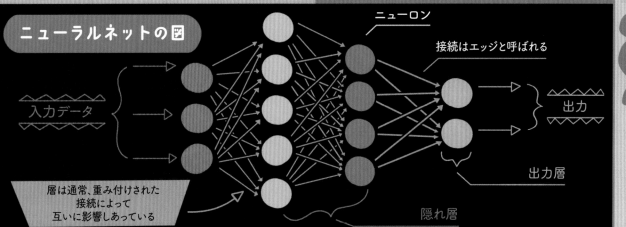

入力データ

層は通常、重み付けされた接続によって互いに影響しあっている

ニューロン

接続はエッジと呼ばれる

出力

出力層

隠れ層

この時代の影響（えいきょう）

スマートフォン、そしてインターネットへの常時接続によって、世界規模で瞬時（しゅんじ）にコミュニケーションをとることができるようになりました。遠く離れた家族や友人とも簡単（かんたん）に連絡（れんらく）を取り合い、旅行中やリモートでの仕事の最中でもつながりを保つことができます。オンラインビジネスは標準となりました。ソーシャルメディアのおかげで、人々は自分の生活や仕事を、オンラインでそれを見ている人たちと共有するのが一般的（いっぱんてき）になっています。現代社会は、人々や生活用品との、こういった絶え間ないつながりで定義されています。デジタル革命（かくめい）は、大きなチャンスと課題の両方をもたらしながら、これからも続いていくことでしょう。

PAYCHECK

NEWS

2021年、FedExは配達に自動運転車を導入した。「業界初」だった。

それでも、こういったトラックには安全のためのドライバーが必要。

重要な発明 IMPORTANT INVENTIONS

バーチャルアシスタントが一般的になる（2011年）

　1952年、ベル研究所が最初の音声認識システムを開発しました。高さ約1.8メートルの「オードリー」という名前の機械で、0から9までの数字を言うと、それを認識することができました。それ以来、コンピュータ科学者たちは音声認識技術開発の長い道のりを歩んできました。2011年にアップル社はiPhone OSに音声起動式バーチャルアシスタントSiriを初めて搭載しました。当初、Siriはテキストメッセージの送信や天気のチェック、アラームのセットといった簡単なタスクにしか使えませんでした。わずか数年のあいだに、Siriはウェブを検索して質問に答えるようにプログラムされ、最終的にはユーザーの習慣やインターネットの履歴から「学習」して結果を調整するようになりました。他の企業もすぐに、自社の製品にバーチャルアシスタントを搭載し始めました。2014年にはAmazonがAlexaを発表し、2年後にはGoogleホームがリリースされました。こういったアシスタントはスマートスピーカーについているマイクを用いて、音声コマンドを待って、受動的に聞き取りを行います。

ねえGoogle、お天気は？

バーチャルアシスタントの正確さは向上しており、AIを使うことで「学習」する。

たいていのバーチャルアシスタントは名前を呼んでやると「起き」る。

Alexa、会議はいつ？

Siri、一番近くでベーグルを売っているのはどこ？

Siri、宇宙人って本当にいるのかな？

ご両親に尋ねるといいかもしれません。

Siriは、ある特定の質問には面白い返答をかえすようにプログラムされている。

初めての商用量子コンピュータ（2019年）

　量子コンピュータは全く新しいコンピュータです。古典的なコンピューティングとは、これまで紹介してきたコンピュータで用いられているもので、1と0を操作するトランジスタで作られた論理ゲートで構成されています。一方、量子コンピューティングでは、キュービットと呼ばれる量子ビットを用います。量子ビットは1と0を同時に保持できます。量子ビットの値は、量子力学の特性である重ね合わせ、量子もつれ、干渉の3つを利用して操作されます。重ね合わせとは、2つ以上の状態を保持する能力のことです。たとえば、回転しているコインは表でも裏でもありませんよね。

　最初の量子コンピューティングの実演は1998年に行われました。それは量子ビットを2つもち、一度に数ナノ秒しか動作しないものでした。2019年にIBMは研究室外での科学プロジェクトや商用に活用できる、初の量子コンピュータを公開しました。

　研究者たちは、これまで古典的なコンピュータで取り組むには複雑すぎた問題を解くのに、量子コンピュータが役立つと信じています。この新しいスーパーコンピュータの実用化にはまだまだ長い道のりがあります。2020年代における量子コンピューティングの活用は、1940年代の古典的コンピューティングにとてもよく似ています。確かにわくわくするものではあるのですが、その潜在能力を最大限に発揮するには至っていないということです。

量子ビットはとても繊細なので、きわめて低い温度で保管して動作させる。

ミルクを買うの
を忘れないで

スマート
オーブン

スマート
サーモスタット

「スマート」デバイスとは、
インターネットに
アクセスできる
電子デバイスのこと。

スマートTV

スマート冷蔵庫

家の中で
ドローンを
飛ばさないの！

スマート
ランプ

出力

あなたは
9人とレースを
しています

スマート掃除機

スマート
エアロバイク

「モノのインターネット」とは、
身近なものに組み込まれた
コンピューティングデバイスのことをさす。
インターネットに接続して、
データを共有することができる。

スマートホーム（2011年）

　ケンブリッジ大学の科学者たちは、コーヒーを飲むためにトロイの部屋という名前のメインラボに延々と歩いて行ったあげく、ポットが空なのがわかる、というのにうんざりしていました。この解決策として、コーヒーポットの前にデジタルカメラを設置しました！ そうすれば、コーヒーの状態をリモートでチェックできるというのです。1993年にトロイの部屋のコーヒーポットはインターネット上でライブ配信されて、世界初のウェブカメラになりました。これはスマートデバイスには程遠いものでしたが、家庭用品にリモートアクセスできる利便性を実証しました。

　2011年に発売されたネスト・ラーニングサーモスタットは、「スマート」な家庭用製品として最初に成功したものの一つです。ネストはインターネットに接続して、スマートフォンから遠隔操作することができます。また、AIを利用してユーザーの好みや温度パターンを学習します。ネストの商業的成功は、スマート家電市場全体の幕開けとなりました。

影響力のあった人々
（えいきょうりょく）

キンバリー・ブライアント (1967-)

2013年に、テクノロジー・インクルージョンに対するホワイトハウスの「チャンピオン・オブ・チェンジ」となった

「テクノロジーの仕事はもっとも成長率の高いものです。コンピュータ・サイエンスの必要性は信じられないほど大きく、あらゆる人種の少女がその分野に進む機会を持つことが重要です」

彼女はバイオテクノロジー分野で働いていた電気エンジニアで、テクノロジー関連で黒人女性が過小評価されてきたことに対処するため、2011年にブラック・ガールズ・コードを設立した

「ディスプレイがコンピュータなのです」

台湾系アメリカ人のビジネスマンで、電気エンジニアでもある

ジェンスン・ファン (1963-)

1993年にグラフィクスプロセッサ会社であるNvidia（エヌヴィディア）社を共同創業した。エヌヴィディア社のGPUは、PCでの3Dゲームとグラフィクスの台頭を後押しした。

エヌヴィディア社は、スーパーコンピュータやグラフィックカードに用いられる特殊なマイクロプロセッサの筆頭メーカーへと成長した。

ジェフリー・ヒントン (1947-)

「深層学習AIのゴッドファーザー」と呼ばれている

研究ラボ「Googleブレイン」及びトロント大学で働いている。

彼の研究は深層学習を主流へと押し上げ、コンピュータ・ヴィジョンの発展を促してきた

「人工知能を機能させる唯一の方法は、人間の脳と同じように計算を行うことだと私は常々確信してきてきました……脳が実際にどのように働いているかについてはまだ学ぶべきことがたくさんありますが、私たちは前進しています」

1986年にヒントンは学術論文「誤差逆伝播法による表現学習」をデイヴィッド・ラメルハートとロナルド・J・ウィリアムズと共著した。（でんぱ）この論文によって、ニューラルネットワークを訓練する強力な手法である、誤差逆伝播法アルゴリズムがよく知られるようになった。

21世紀のテクノロジー界の大御所たち
（おおごしょ）

以下は、きわめて収益性の高い企業を創設・所有している、テクノロジー界の億万長者たちの一部である。この人たちは、技術、ビジネス、プライバシー、データ収集に関して、大きな政治的影響力を持ち、ロビー活動を行っている。

ジェフ・ベゾス（Amazon）

マーク・ザッカーバーグ（Facebook）

イーロン・マスク（テスラ）

ジャック・ドーシー（Twitter）

ジャック・マー（アリババ）

「EFFの使命は、世界のあらゆる人々に対し、テクノロジーが自由、正義、イノベーションを確実にサポートするようにしていくこと」

デジタル権！

EFF（電子フロンティア財団）（1990-）

電子フロンティア財団（EFF）は、1990年代初頭に、インターネットの市民的自由を保護するようアメリカ政府に働きかけるために設立されました。初期のウェブは混乱しており、知識には大きなギャップがありました。アメリカの法執行機関は、初期のインターネット「ハッカー」を熱心に追跡し、罪のないユーザーのコンピューターや機器を誤って没収することがありました。EFFは、一夜にして変化した新しいテクノロジーの最前線について議員を教育し、アメリカの憲法上の保護をデジタルの世界にまで拡大するために働きました。

EFFは、オンラインの市民的自由と情報の自由を保護するための活動を続けています。EFF のメンバーには、コンピュータ科学者、技術者、弁護士、活動家が含まれており、インターネットのデジタル権利をめぐって戦うために協力しています。

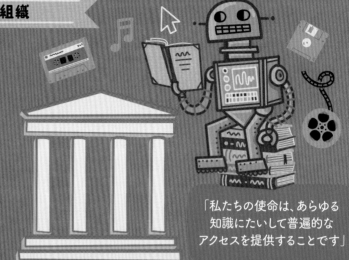

「私たちの使命は、あらゆる知識にたいして普遍的なアクセスを提供することです」

インターネットアーカイブ（1996-）

初期のインターネットのほとんどは消滅しました。1920年代の無声映画のように、ウェブサイトは保存しても意味がないとみなされると、何も考えず単にゴミ箱に捨てられたのです。

インターネットアーカイブの創設者であるブリュースター・ケールとブルース・ギリアットが、ウェブサイトを記録する方法として「ウェブクローラー」プログラムを用いウェブサイトのスナップショットを作成し始めたのは、1996年のことでした。1990年代後半のインターネットは、そのクセの強さや低解像度のダンスアニメーションとともに、インターネットアーカイブのウェイバックマシンに保存されています。公開されているこのツールを使えば、どんなウェブサイトでもURLを検索して、それが過去にどのようなものであったかを見ることができます。

オンラインでの情報が一時的という性質をもっていることは、今も問題となっています。ウェイバックマシンが、とくにジャーナリストにとって不可欠なツールであり続けているのは、このためです。ウェイバックマシンのおかげで、政府や組織が予告なしに変更したり隠そうとした可能性のある情報にアクセスできるのです。

サンフランシスコに拠点のあるインターネットアーカイブは、拡張をつづけるデジタル図書館であり、インターネットを幾度もバックアップし続けています。このアーカイブのおかげで、何百万もの書籍やビデオ、音声記録やソフトウェアにオンラインでアクセスすることができます。コンピュータソフトウェアの歴史アーカイブとしては世界最大のもので、本書でとりあげた数多くの有名なプログラムを保存しています！

デジタルワールドの課題

産業革命で蒸気機関がもたらしたインパクトと同じように、コンピューティング技術の導入は、われわれの仕事のしかたや社会組織のありかたを大きく変革してきました。

電子ごみ

コンピュータを作るためには、石油、金、希土類元素（レアアース）といった再生不可能な資源がたくさん必要です。個人用の電化製品の多くは修理ができないような設計になっており、毎年新しい機器に交換されています。これは無駄で、エコロジーの観点からみても無責任なことです。貴重な物質を埋立地に追いやってしまわないためには、電子機器が未来の「循環型経済」の一部となっていなければなりません。修理やアップグレードをしてハードウェアをできるだけ長く使えるようにする、消費者にやさしい設計が必要となっています。

個人データとプライバシー

スマートデバイスのおかげで、ユーザーの多くが気づいているよりも、あるいは問題ないと感じるよりも多くの個人情報を、テクノロジー企業が保有しています。世界中の人々はプライバシーにたいしてそれぞれ異なった期待を抱いており、それらは尊重されなければなりません。

オートメーションと労働

うんざりするような頭脳労働や肉体労働を楽にするために、新しい種類のAIやロボットが開発されています。1800年代に蒸気機関や組み立てラインが人間の仕事に取って代わったのと同じように、オートメーションが進んで労働力が変化するにつれ、労働の再編成が起こるでしょう。アプリ会社は既に運輸業や小売業で従来の雇用を破壊し、多くの職を低賃金のギグ労働に変えてしまっています。議員たちはいま、この新しい種類の労働力をどのように分類し、アプリ会社が従業員に支払うべき手当や賃金をどのように定義するかという課題に直面しています。

信頼できる情報源

インターネットではどんなことについても知ることができます！　これは素晴らしい経験かもしれませんが、誤った情報も数多く存在します。私たちが取り入れる情報は、それが積極的に探したものであれ、受動的に吸収したものであれ、自分たちの世界観に影響を与えます。ネット上で見つけた情報をシェアする前に、信頼できる情報源で必ず事実を確認するということが大切です。

デジタル暗黒時代

　デジタルデータは永遠に保存（ほぞん）できるように思えるかもしれません。しかし、デバイスは壊（こわ）れやすいものですし、物理的な記録もないとなると、デジタルデータはわずか数十年で失われるおそれがあります。これからやってくるかもしれない「デジタル暗黒時代」とは、将来（しょうらい）の考古学者たちが古いコンピュータファイルを解読できないかもしれない、ということです。いま作成されたデータを未来のマシンが読み解ける保障（ほしょう）はないのです。もしも何か大規模（だいきぼ）な太陽フレアのような出来事がデジタルアーカイブに発生したら、データは永久に破損してしまうかもしれません。Googleでデータを管理するリック・ウェストは、「21世紀初頭については20世紀初頭のことよりもよくわからない、ということに（いつの日か）なってしまうかもしれません」と述べています。

ネット中立性

　ネット中立性とは、インターネット上のあらゆるウェブサイトやサービスが、同じ接続速度でユーザーに届（とど）かなければならないという原則のことです。これは、ISP（インターネットサービスプロバイダ）が、あるウェブサイトのスピードやアクセスを他のウェブサイトよりも優先（ゆうせん）させることが許されていないということです。ネット中立性は、言論（げんろん）の自由や起業の自由に大きな影響を与えます。一般的（いっぱんてき）に、ネット中立性の保護はヨーロッパでもっとも強力です。

アルゴリズムとAIの偏見（へんけん）

　AIは頭脳労働を軽減する強力なツールではあるものの、完璧（かんぺき）ではありません。アルゴリズムには、それを作成した人と同じくらい偏（かたよ）りがあります。そのため、AIを就職の履歴書（りれきしょ）やローン申し込（こ）みの選別に用いたり、顔認証（にんしょう）に使ったりすると、悪い結果をもたらしかねません。AIには、それを使う人と同じ程度の倫理（りんり）と公平性しかないのであって、悪意をもって使われた場合にはきわめて危険（きけん）なものとなるのです。

デジタルデバイド

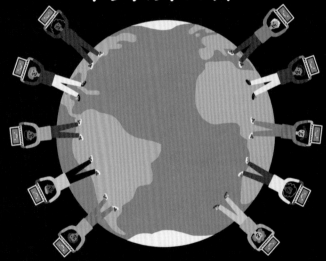

　コンピュータとインターネットアクセスは必需品（ひつじゅひん）であり、とくに教育現場では欠かせないものになっています。しかし、アメリカや世界中の人々の多くには、いまだパーソナルコンピュータを購入（こうにゅう）する余裕（よゆう）がありません。適切なハードウェアがなければ、コンピュータを使った仕事や学校生活に参加することはできません。まだ動作するコンピュータの多くが、それを必要とする人たちの手にわたってもよいのに、埋立地や電子ごみセンターで廃棄（はいき）されています。高速で信頼性の高いインターネットアクセスにかかるコストも、何百万人の人々にとっては問題です。完全に機能するテクノロジーにアクセスする必要性は皆（みな）にあるのです！

コンピュータの未来

今のテクノロジーやコンピュータ・サイエンスをみると、次に何が起こるのかを推測することができます。このような進歩を目指して、いまコンピュータエンジニアたちが取り組んでいます。

完全自動運転車

こんにち私たちが使える自動運転車には、人間の監視が必要です。理論上、今後数十年のあいだに、自動運転車は交通手段の主流になるだろうといわれています。こういった車には、道路上で起こりうるどんな危険も特定できる非常に強力なコンピュータが必要になるでしょう。そんな危険の検知は人間にもできないことです！

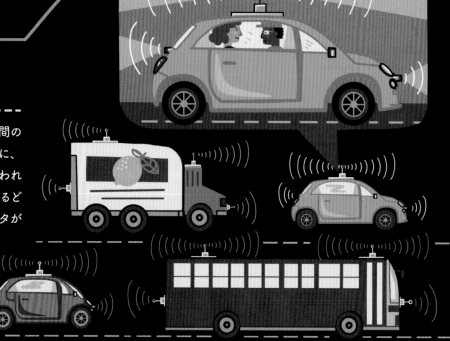

ユビキタスコンピューティング

「モノのインターネット」は、コンピュータ科学者の多くが次に来るだろうと考えているもの、つまり、あらゆる場所のあらゆるものにコンピュータが搭載されるようになるということの先駆けです！　コンピュータが衣類に織り込まれたり、壁に埋め込まれたり、空気や土を測定したりするようになると考えられているのです。コンピュータはほとんど目に見えないユビキタスなテクノロジーになるだろうと予想されています。

AIシンギュラリティ

　汎用AI、すなわち人間の脳ができることなら何でもできるような人工知能を作るには、私たちはまだほど遠い状態にあります。人間の知能よりもさらに賢いAIは、「技術的特異点」（テクノロジカル・シンギュラリティ）と呼ばれています。これは一部のAI研究者たちの目標ではあるものの、超知能を作るというのはあまりに高い目標なので、専門家たちの多くはそれをSFのようなものだと捉えています。

親友！

人生の意味とは？

ビッグデータと仮説フリーの科学

　科学はしばしば、私たちの宇宙について問いかけることから始まります。しかし、私たちがまだ尋ねることすら思いつかないような疑問についてはどうでしょうか？　こんにち、科学研究のかなりの部分は、データの収集と分析です。未来のコンピュータがグローバルセンサーを用いてデータを自動的に収集し、そのデータをAIが分析して新しいパターンを見つけ出すだろう、と多くの人が推測しています。そうすると、未来の科学者たちは必ずしも仮説から始めるというわけではなく、AIから得られた観察を出発点として、そこから学びを深めていくということになる可能性があります。

コンピュータ、パターンをぜんぶ見せて！

コンピュータ、データを分析して！

コンピュータ、この星団を特定して！

おわりに

コンピュータが、人類の作り出したもっとも偉大な道具だということはほぼ間違いありません。さまざまな点で、道具は私たちの想像力の幅を決めるものです。ハンマーは単に釘を打つだけのものではありません。木の板を組み合わせたら新しくどんな形が生まれるかを、想像できるようにしてくれます。コンピュータは私たちの頭脳を拡張する道具であり、人類がより大きなものを作り、より大きな夢をみるための新たな可能性を切り開いてきたのです。

コンピュータの歴史において、新しいテクノロジーはほとんどの場合、非常に大きな権力をもつ少数の人たちに限られてきました。コンピュータは、そしてインターネットですら、最初は政府や大企業だけが利用できるもので、特別な訓練を受けた一部の人たちだけが理解できるものでした。やがてこういったテクノロジーは「解放」されて、一般大衆がアクセスできるようになり、コンピュータの力が人々の手に渡るようになったのです。

全体を見渡せば、コンピューティングの力に個人の手が届くようになったのは、歴史的にはほんの一瞬のことです。しかし、だからこそ、最先端のテクノロジーがどのように使われているかということについては、批判的にみることが大切です。新しいテクノロジーがごく少数の人にだけ真に理解され、権力のある人達がそれを利用するという過去のコンピュータの世界と、私たちのこれからの未来が同じようなものである必要はないのです。私たちの問題の多くは、倫理的かつ思慮をもって開発され使用されているツールが、私たちの役に立てば解決することができます。

では、お聞きしますが、コンピュータとテクノロジーであなたは何をしますか？　何を学びますか？　何を作りますか？

「発見にいたる道の最初の一歩、そして最初のおおまかな方策とは、人類の既存の知識に多くのものを付け加えることです」——チャールズ・バベッジ

「私たちはほんの少し先のことを見通しているにすぎませんが、そこにはやるべきことがたくさんあるということがわかります」——アラン・チューリング

「恐怖に阻まれてはなりません、そして『わからない』とか『理解できない』ということを恐れてはなりません。ばかげた質問などというものはないのです」——マーガレット・ハミルトン

「コンピュータを活用して、人々のコミュニティを結びつけ、困難な問題に取り組むための人間的なスキルを拡張できるようになるのであれば、十分に報われます」——ダグラス・エンゲルバート

「未来に向かってレールが引かれているわけではありません。未来とは私たちが決めることのできるものであり、宇宙で既に知られている法則に反さない範囲であれば、おそらく私たちが思う通りにできるはずです」——アラン・ケイ

参考資料と情報源
じょうほうげん

コンピュータの歴史についてもっと学んでみたいですか？ ここに挙げているのは、この本のために私が調べた資料のいくつかです。資料全てのリストについては私のウェブサイトを見てください。

rachelignotofskydesign.com/the-history-of-the-computer

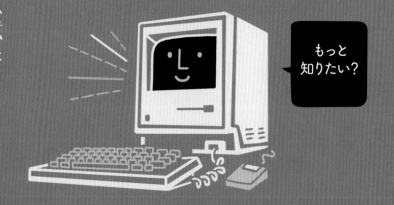

もっと
知りたい？

ウェブサイト

ACMチューリング賞　amturing.acm.org

ブレッチレーパーク　bletchleypark.org.uk

ダグ・エンゲルバート・インスティテュート　dougengelbart.org

ENIACプログラマ・プロジェクト　eniacprogrammers.org

米国電気電子工学会　ieee.org

国際スパイ博物館　spymuseum.org

全米発明家殿堂　invent.org

英国立コンピュータ博物館　tnmoc.org

全米科学財団　nsf.gov

ピュー・リサーチ・センター　pewresearch.org

米国統計局　census.gov/history

博物館

コンピュータ歴史博物館
（アメリカ合衆国カリフォルニア州）

computerhistory.org

リビング・コンピュータ・ミュージアム＋ラボ
（アメリカ合衆国ワシントン州）

livingcomputers.org

本

Barnes-Svarney, Patricia L., and Thomas E. Svarney. *The Handy Math Answer Book*. Canton, MI: Visible Ink Press, 2012.

Boyer, Carl B., and Merzbach, Uta C. *A History of Mathematics*. 3rd ed. Hoboken, NJ: Wiley, 2010.（メルツバッハ＆ボイヤー『数学の歴史』Ⅰ・Ⅱ、三浦伸夫・三宅克哉監訳、2018年、朝倉書店）

Campbell-Kelly, Martin, William Aspray, Nathan Ensmenger, and Jeffrey R. Yost. *A History of the Information Machine*. 3rd ed. The Sloan Technology Series. Milton Park, UK: Routledge, 2013.（『コンピューティング史──人間は情報をいかに取り扱ってきたか』杉本舞監訳、2021年、共立出版）

Ceruzzi, Paul E. *Computing: A Concise History*. The MIT Press Essential Knowledge Series. Cambridge, MA: The MIT Press, 2012.（ポール・E・セルージ『コンピュータって──機械式計算機からスマホまで』山形浩生訳、2013年、東洋経済新報社）

Evans, Harold. *They Made America: From the Steam Engine to the Search Engine: Two Centuries of Innovators*. New York: Little, Brown and Company, 2004.

Freiberger, Paul, and Michael Swaine. *Fire in the Valley: The Birth and Death of the Personal Computer*. Raleigh, NC: The Pragmatic Bookshelf, 2014.

Garfinkel, Simson L. *The Computer Book: From the Abacus to Artificial Intelligence, 250 Milestones in the History of Computer Science*. New York: Sterling, 2018.

Igarashi, Yoshihide, et al. *Computing: A Historical and Technical Perspective*. Boca Raton, FL: CRC Press, 2014.

Lam, Lay Yong, and Ang Tian Se. *Fleeting Footsteps: Tracing the Conception of Arithmetic and Algebra in Ancient China*. Singapore: World Scientific Publishing Company, 2004

McCullough, Brian. *How the Internet Happened: From Netscape to the iPhone*. New York: Liveright, 2018.

Seife, Charles, and Matt Zimet. *Zero: The Biography of a Dangerous Idea*. London: Penguin Books, 2014.

Walsh, Toby. *Android Dreams: The Past, Present and Future of Artificial Intelligence*. London: C Hurst & Co Publishers Ltd, 2017.

Wozniak, Steve, and Gina Smith. *iWoz: Computer Geek to Cult Icon: How I Invented the Personal Computer, Co-Founded Apple, and Had Fun Doing It*. New York: W.W. Norton & Co., 2006.（スティーブ・ウォズニアック『アップルを創った怪物──もうひとりの創業者、ウォズニアック自伝』井口耕二訳、2008年、ダイヤモンド社）

五十嵐善英・舩田眞里子・バーバラ神山『数と計算の歩み』2009年、牧野書店

本を読むのが好き

謝辞

まず、このプロジェクトに協力してくれた、夫でビジネスパートナーであるトーマス・メイソンに感謝します。彼は私の研究助手として様々な相談に乗ってくれただけではなく、本書を書くためのインスピレーションの一つでもありました。付き合い始めた頃、私たちのアパートには山のように古い電子機器やヴィンテージのコンピュータや真空管式の電卓があり、彼はそれを修理して売って学費の助けにしていました。この「ジャンク」のなかでも最高のものは我が家の大切な宝物となり、私たちのヴィンテージコンピュータコレクションの一部となっています。

この本が出版できたのは、テン・スピード・プレスの担当チームのおかげです。素晴らしい編集者であるケイトリン・ケッチャムに感謝します。彼女は私のプロジェクトの味方で、彼女のサポートが私にとって大きな意味をもっていました。舞台裏では、コピーエディターのドロレス・ヨーク、ファクトチェッカーのマーク・バーンスタイン、構成者のTK及びTK、シニアマネジングエディターのダグ・オーガン、デザイナーのクロエ・ローリンズ、そしてダン・マイヤーとテン・スピードの製作チーム全員など、たくさんの人に感謝しています。マーケティングと広報のチームであるウィンディ・

トーマスは、
リビング・コンピュータ・
ミュージアム＋ラボに行ったとき、
PDP-8相手に
チェスをしました。

ドレスタイン、ダニエル・ワイキー、ローレン・クレッシュマーにも賛辞をおくりたいと思います。

そして著作権エージェントのモニカ・オドムにも心から感謝します。彼女は私の本の夢がかなう手助けをし続けてくれています！

著者について

レイチェル・イグノトフスキーは、ニューヨークタイムズ紙のベストセラー作家でイラストレーター。サンタバーバラ在住。ニュージャージー州でマンガとプディングという健康的な食事をたべて育つ。タイラー・スクール・オブ・アート・アンド・アーキテクチャのグラフィックデザインプログラムを2011年に卒業。作品は歴史と科学に触発されたものである。彼女はイラストレーションが学びをわくわくするものにする強力なツールだと信じており、濃い情報を楽しくわかりやすくすることに情熱を傾けている。

いつも
文を書いたり
絵を描いたり
しています

私のヴィンテージ
コンピュータ
コレクションの一部

〈訳者略歴〉

杉本舞（すぎもと・まい）
関西大学社会学部社会システムデザイン専攻准教授。2003年京都大学文学部人文学科卒業。2010年京都大学大学院文学研究科現代文化学専攻科学哲学科学史専修博士後期課程指導認定退学。2013年京都大学博士（文学）。専門は科学技術史（20世紀）、コンピューティング史、黎明期の人工知能研究。共訳著にアラン・チューリング／伊藤和行編『チューリング コンピュータ理論の起源 第1巻』（佐野勝彦との共訳及び解説共著、近代科学社、2014年）、『コンピューティング史　人間は情報をいかに取り扱ってきたか』（宇田理・喜多千草との共訳、共立出版、2021年）。著書に『「人工知能」前夜　コンピュータと脳は似ているか』（青土社、2018年）がある。

イラストで学ぶ　世界を変えたコンピュータの歴史

2023年4月20日　第1版第1刷　発行

著　　者　　レイチェル・イグノトフスキー
訳　　者　　杉本舞
発行者　　矢部敬一
発行所　　株式会社創元社
https://www.sogensha.co.jp/
本　　社　〒541-0047　大阪市中央区淡路町4-3-6
　　　　　TEL. 06-6231-9010（代）　FAX. 06-6233-3111
東京支店　〒101-0051　東京都千代田区神田神保町1-2 田辺ビル
　　　　　TEL. 03-6811-0662

装丁・組版　堀口努（underson）
印　刷　所　図書印刷株式会社

©2023 SUGIMOTO Mai, Printed in Japan
ISBN978-4-422-41449-2 C0055
〔検印廃止〕落丁・乱丁のときはお取替えいたします

世界を変えた50人の女性科学者たち
野中モモ〈訳〉
定価1,980円

歴史を変えた50人の女性アスリートたち
野中モモ〈訳〉
定価1,980円

社会を変えた50人の女性アーティストたち
野中モモ〈訳〉
定価1,980円

プラネットアース
──イラストで学ぶ生態系のしくみ
山室真澄〈監訳〉、東辻千枝子〈訳〉
定価3,300円